JN117798

楕円関数論①
アイゼンシュタイン

高瀬 正仁 著

現代数学社

 はしがき

楕円関数論の世界

●形成史の回想

　西欧近代の数学史を回想して楕円関数論とは何かという問いに向うとき，いつでも真っ先に心に浮ぶのはアーベルの論文「楕円関数研究」（1827-1828 年）です．アーベルはこの論文の冒頭で楕円関数論の形成史を簡潔に振り返り，オイラーの名を挙げました．オイラーは変数分離型の微分方程式

$$\frac{dx}{\sqrt{\alpha+\beta x+\gamma x^2+\delta x^3+\varepsilon x^4}}+\frac{dy}{\sqrt{\alpha+\beta y+\gamma y^2+\delta y^3+\varepsilon y^4}}=0$$

の代数的積分の探索に成功した人で，この成果をもって楕円関数論の嚆矢とするというのがアーベルの所見です．このタイプの微分方程式の代数的積分には楕円積分の加法定理が内在していることにもオイラーは気づいていましたし，加法定理があれば倍角の公式もまた導かれます．黎明期の楕円関数論に現れたひときわめざましい出来事でした．

　オイラーを楕円関数論の泉と見ることに異論の余地はなく，アーベルの的確な指摘のとおりですが，それはそれとしてオイラー以降の楕円関数論は担い手たちの関心のおもむくところに応じて多彩な相貌を顕わにしながら生い立っていきました．ラグランジュ，ランデン，ルジャンドルの探究を通じて楕円積分の標準形が整備され，3 種類の楕円積分が立ち現れました．この分類を踏まえて第1 種楕円積分に目を留めたアーベルは，その逆関数の変数の変域を複素数域に拡大して楕円関数の発見にいたりました．2 重周期性という楕円関数の根幹をつくる属性を認識し，零点と極の分布状況を明るみに出したのもアーベルでした．

楕円積分の加法定理と倍角の公式が手中にあれば，楕円関数に移行してその等分方程式を書き下すことが可能になります．アーベルに先立ってすでにオイラーはこの方向に進む道筋の存在を示唆していましたが，完全に一般的な等分方程式の代数的可解性の問題に正面から向き合ったところにアーベルの創意が現れています．代数方程式論と楕円関数論という，性格を異にする二つの理論の出会いの場がここに開かれました．巡回方程式とアーベル方程式の概念，それに虚数乗法の理論が生成されたのもこの場所でした．

　ガウスもまた楕円関数論の形成史に名を刻まれるべき人物です．ガウスは楕円関数論をめぐって深淵な思索を継続していましたが，まとまりのある論攷を公表することはなく，ただ神秘的な印象の伴う数語をここかしこに散りばめるばかりでした．ところがアーベルの歩みにはガウスの「書かれなかった楕円函数論」（高木貞治『近世数学史談』第 9 章の章題）の影響が色濃く反映しています．ガウスの著作『アリトメチカ研究』（1801 年）の第 7 章「円の分割を定める方程式」の書き出しのあたりに 1 個のレムニスケート積分 $\int \frac{dx}{\sqrt{1-x^4}}$ がぽつねんと姿を現しているのは恰好の事例で，アーベルが深くこころを惹かれたであろうことは想像に難くありません．このようなありやなしやというほどのかすかな示唆の意味するところを察知しえたのは，まったく奇跡としか言いようのないことでした．

　ルジャンドルはオイラーの楕円関数論の集大成を試みて，大きな著作を幾冊も書いて報告した人ですが，その作業の中から変換理論を抽出して熱心に追い求めました．この理論はヤコビに継承され，ヤコビの著作『楕円関数論の新しい基礎』（1829 年）を構成する 2 本の柱のひとつになりました．もうひとつの柱は「楕円関数の展開の理論」です．変換理論はアーベルにとっても重要なテーマで，この理論をめぐってアーベルとヤコビの間で先陣争いめいた状況が現れたことは広く知られているとおりです．アーベルと同じくヤコビも楕円関数を複素変数関数の枠内で考察しようしていますが，この点はガウスも同様です．これらの人びとのひとりひとりの

足取りを観察すると，数学が全体として複素数の世界に向っていこうとする趨勢がありありと感知されて深い感銘を覚えます．1 複素変数関数論の一般理論の形成がこうしてうながされました．多複素変数関数論の萌芽もまたこの歩みの延長線上に現れたという一事は忘れられません．

●数論との連繋

ガウスの楕円関数論には数論との連繋に寄せる強い関心が現れています．若い日に平方剰余相互法則を発見したガウスは早くから高次冪剰余相互法則の存在を確信し，4 次剰余相互法則の発見に向けて長期に及ぶ強靭な思索に打ち込みました．当初の考察は有理整数域に限定されていましたが，模索を続ける中で有理整数域を離れる決意を新たにして探索の場を複素数の世界へと広げたところ，首尾よく 4 次剰余相互法則（ガウス自身による呼び名は「4 次剰余の理論の基本定理」）に到達しました．今日の語法でガウス整数と呼ばれる複素数のつくる数域においてはじめて得心がいく形の命題が発見されたのでした．証明も手にしていたようで，ガウスの全集には証明のスケッチと見られる断片が収録されていますが，発表されることはありませんでした．

ガウスはレムニスケート関数の等分方程式と 4 次剰余相互法則の間に認められる親密な関係に早くから気づいていて，その解明を基礎とする証明を求めていた気配が感知されますが，このガウスの数学的意図を実現したところにアイゼンシュタインの楕円関数論の深淵な意義が認められます．アイゼンシュタインの証明は連作「楕円関数論への寄与」の第 1 論文「レムニスケート関数の理論からの 4 次剰余の基本定理の導出．並びに乗法公式と変換公式への諸注意」（1846 年）において叙述されました．

●アイゼンシュタインの未完の構想

アイゼンシュタインの第 1 論文にはアーベルの名は見あたりませんが，アイゼンシュタインのいうレムニスケート関数の理論は

アーベルの論文「楕円関数研究」に見られるものにほかなりません. 4次剰余相互法則の証明のためにはこれでよいとして, アイゼンシュタインはなお歩を進めて高次冪剰余相互法則の探究に向い, 楕円関数もしくは何らかの周期性を備えた超越関数との関連の中から証明を取り出そうと企図した模様です. そのために楕円関数の把握の様式に新たな視点を設定し, 特異な形態の無限級数から出発するという構えをとりました. アイゼンシュタインがめざした目標のために最適と思われる出発点が選ばれたのでした. 収束性をめぐって込み入った式変形の伴う精緻な計算がどこまでも続きますが, 楕円積分の逆関数という, アーベルの出発点にたどりついたところで本書は終っています.

アイゼンシュタインには, 楕円関数もしくは楕円関数の仲間とみられるある種の超越関数の理論を基礎にして高次冪剰余相互法則を確立するという, あまりにも遠大な目標がありました. アイゼンシュタインの楕円関数論の叙述は, この遠い目標に向ってなお続きます. 未完成に終りましたが, 実に興味の深い試みで, 日をあらためて概観の機会をまちたいと思います. アイゼンシュタイン以降の楕円関数論の展開に目を転じれば, ヴァイエルシュトラスとリーマンの構想が眼前に大きく浮び上がります. この二人は複素変数関数論の一般理論に足場を求めようとしたのでした.

●今後の課題

本書は現代数学社の数学誌『現代数学』に, 2020年7月号から2021年7月号にかけて, 「アイゼンシュタインの楕円関数論」という表題で13回にわたって連載されました. アイゼンシュタインの系譜を継いで数論との関連を注視するというのであれば, クロネッカーの楕円関数論の重要なことは計り知れません. これらはみな今後の課題です.

令和4年（2022年）4月19日

高瀬正仁

目　次

第 1 章

ガウスの称賛を受ける

■■ 楕円関数論の形成史より

　楕円関数論の形成史ということを考えていこうとすると，真っ先に念頭に浮ぶのはオイラーです．楕円関数論の泉を造形した人物としてオイラーの名を挙げることに異論の余地はありませんが，オイラーに先立って，ベルヌーイ兄弟（兄のヤコブと弟のヨハン）の手でレムニスケート曲線が発見されていたことも忘れられません．オイラーの次にラグランジュ，それからルジャンドルが現れて，大きなまとまりの感じられる楕円関数論の世界が建設されました．これを前期の楕円関数論と呼ぶことにすると，後期という呼び名が相応しい楕円関数論もまた存在します．担い手として挙げなければならないのはまずガウス，それからアーベルとヤコビ，次いでリーマンとヴァイエルシュトラスと続く系列ですが，ここにアイゼンシュタインとクロネッカーの楕円関数論を加えたいと思います．

　楕円関数論の姿は単一ではなく，担い手が移り行き，関心の寄せ方が変遷していくのに応じてさまざまな表情が現れてくるのがおもしろいところです．これからアイゼンシュタインの楕円関数論の観察を続けていく中で，折に触れてこの理論の諸相を語りたいと願っています．

■■ アイゼンシュタインとは

　アイゼンシュタインのフルネームはフェルディナント・ゴットホルト・マックス・アイゼンシュタイン（Ferdinand Gotthold Max Eisenstein）といい，生地はベルリン，生誕日は 1823 年 4 月 16 日です．クロネッカーと同年で，のちにベルリン大学で出会い，親しくなりました．1837 年，14 歳のアイゼンシュタインはベルリンのギムナジウムに入学しました．入学したのはフリードリヒ・ヴィルヘルム・ギムナジウムで，途中でフリードリヒ・ヴェルダー・ギムナジウムに移っています．数学に寄せる関心は早くから芽生え，学校で学ぶ数学ではあきたらず，数学書を購入して独学を続けました．フリードリヒ・ヴィルヘルム・ギムナジウムにカール・ハインリヒ・シェルバッハ（1805 – 1892 年）という数学教師がいて，アイゼンシュタインの数学の力を認識して激励し，オイラーやラグランジュやガウスの作品を読むようにすすめました．オイラーにはヨハン・ベルヌーイという師匠がいて，アーベルにはホルンボエ，クロネッカーにはクンマー，ヴァイエルシュトラスにはグーデルマンという，数学を学ぶうえで深い影響を及ぼした人物がいました．アイゼンシュタインにとって，シェルバッハはそのような人びとの系譜に連なる人だったのかもしれません．

　1840 年，17 歳のアイゼンシュタインはまだギムナジウムに在学中でしたが，ベルリン大学でディリクレの講義を聴講しています．どのような経緯で大学の講義に出席したのか，詳しい事情は不明です．このころアイゼンシュタインの父はよい職を求めて単身イングランドに向かい，アイゼンシュタインは母とともにベルリンに残りました．

　1842 年，アイゼンシュタインはガウスの著作『アリトメチカ研究』（1801 年．原書名 Disquisitiones Arithmeticae の頭文字を

とって，以下 D.A. と略称します）の仏訳書（1807 年）を購入
しました．ラテン語で叙述された原書を避けてあえてフランス
語訳を選んだのはなぜかというと，原書は発行部数が少なくて，
1842 年当時になるともう入手できなかったためでした．この書
物により数論に心を奪われるようになりましたが，このあたり
はディリクレの場合とよく似ています．

　D.A. の仏訳書を購入してまもなく，この年の夏，ギムナジウ
ムの最終学年に達したアイゼンシュタインは最後の試験を前に
して，母とともに，それにフランス語版の D.A. も携えて父のい
るイングランドに向いました．父と合流し，3 人でウェールズか
らアイルランドへと移り行く途次，しきりに D.A. を読みふけり
ました．この体験がアイゼンシュタインの数学研究の土台です．
1843 年にはアイルランドのダブリンでハミルトンに会い，アー
ベルの「不可能の証明」（5 次の一般代数方程式を代数的に解く
のは不可能であるというアーベルの定理の証明）に関する研究に
関する論文を手渡されるという出来事もありました．

　1843 年 6 月，父と別れ，母とともにドイツにもどり，ギムナ
ジウムで最後の試験を受け，同年秋，ベルリン大学に入学しま
した．この時点でアイゼンシュタインは 20 歳です．

■■ 数学研究のはじまり

　ベルリン大学に入学したアイゼンシュタインはたいへんな勢
いで論文を書き始めました．入学した年の翌 1844 年には『クレ
ルレの数学誌』の第 27 巻と第 28 巻が出版されていますが，第
27 巻にはアイゼンシュタインの 15 篇の論文が掲載されていま
す．論文の末尾に記入されている日付を見ると，15 篇のうち 3
篇は 1843 年 12 月となっています．『クレルレの数学誌』には

「問題と定理（Aufgaben und Lehrsätze）」という欄もあり，そこにもアイゼンシュタインの記事があります．この記事の日付も1843年12月です．第28巻に掲載された論文は8篇です．この2年間に，というよりも，実際には1年ほどの間に，アイゼンシュタインは実に23篇の論文を書き，「問題と課題」欄にも記事を寄せたのでした．しかも第27巻に掲載された論文「円周等分に由来する3変数3次形式に関する一般的研究」は86頁に達する長篇です．

　これらの論文の内容を概観すると，4次までの次数の代数方程式，2次形式，3次形式，円周等分，楕円関数とアーベル関数，無限積，平方剰余相互法則，3次剰余相互法則，4次剰余の基本定理，ルジャンドル記号の数値決定，ルジャンドルの相互法則の証明，2項定理，などの言葉が目立ちます．平方剰余相互法則や2次形式，3次形式の研究にはガウスのD.A.の影響がはっきり現れていますが，3次剰余と4次剰余の理論への関心が見られるところにはガウスの論文「4次剰余の理論」（全2篇．第1論文は1828年，第2論文は1832年公表）の影響が認められます．

　大学に入学したばかりの20歳の一学生のこれほど大量の論文が『クレルレの数学誌』に掲載されたのはいかにも異様な光景です．ここにいたる経緯を振り返ると，アイゼンシュタインはダブリンでハミルトンにもらった論文とともに，前年12月に書き上げたばかりの自分の論文「2変数3次形式に関する研究」（『クレルレの数学誌』，第27巻に掲載されました）を1844年1月に科学アカデミーに送付しています．この論文を審査する役割を振られたのがクレルレでした．かつて初対面のアーベルの数学の力を見抜いたクレルレは，今度はアイゼンシュタインの力を洞察し，アイゼンシュタインの大量の論文を即座に『クレルレ

の数学誌』に掲載したのでした.

　クレルレがアイゼンシュタインのことをアレクサンダー・フォン・フンボルトに伝えたところ，フンボルトもまたアイゼンシュタインに注目し，この年の3月に実際に会い，それからフンボルトの口利きによりプロイセン政府と科学アカデミーの双方から奨学金をもらえるようになりました.　もっとも政府もアカデミーも本当はあまりお金を出したくなかったようで，そんな雰囲気がわりと露骨に伝わったためか，アイゼンシュタインもまたこころから感謝するというふうにはならなかった模様です.

　1844年6月，アイゼンシュタインはゲッチンゲンに向い，2週間ほど滞在しました.　目的はガウスを訪問することで，あらかじめ論文を送付しておいたところ，ガウスの評価の高いことは異様なほどで，アイゼンシュタインの訪問を喜び，歓待しています.　ゲッチンゲンではゲッチンゲン大学の数学者モーリッツ・シュテルンとも会い，親しくなりました.　シュテルンは後年，フェリックス・クラインにゲッチンゲン大学の学生時代のリーマンのうわさを語り，「リーマンはカナリアのように歌っていた」という消息を伝えた人物です.

■■ クロネッカーと出会ったころ

　クロネッカーとの交流を時系列に沿って追うと，クロネッカーがベルリン大学に入学したのは1841年ですから，ギムナジウムの生徒のアイゼンシュタインがディリクレの講義を聴講した年の翌年のことになります.　クロネッカーは1843年の夏学期はボン大学ですごし，冬学期にはクンマーのいるブレスラウ大学に移っています.　ところが，アイゼンシュタインはまさしくこの年の秋にベルリン大学に入学したのでした.　このすれ違いの

のち，翌1844年，ブレスラウで1年をすごしたクロネッカーがベルリンにもどり，ここでようやくアイゼンシュタインと出会いました．クロネッカーは複素単数をテーマとする学位論文に取組み，1845年9月10日付で学位を取得し，それから郷里にもどっていますから，アイゼンシュタインとの交流は1年ほどで終っています．

1891年，クロネッカーのもとにカントールの書簡が届き，この年の9月にハレで開催されるドイツ数学者協会の会合での講演を依頼されました．クロネッカーはこれを受けましたが，家人の急逝のため断らざるをえない事態になり，9月18日付でカントールに宛てて長い手紙を書いて諸事情を伝えました．もしこの講演が実現していたなら，題目は「アイゼンシュタインについて」もしくは「アイゼンシュタインの思い出」となるはずで，そのようなことも手紙に書き留められています．

■ ■ 楕円関数論研究に向う

アイゼンシュタインの楕円関数論研究は，クロネッカーが学位を取得して帰郷したころから始まっています．1845年2月，クンマーの配慮によりブレスラウ大学から名誉学位を授与されました．1847年にベルリン大学から教授資格を取得して私講師になり，講義を始めましたが，その講義のテーマは楕円関数論です．聴講生の中に3歳年下のリーマンがいて，関数の理論に複素数を導入する様式をめぐって議論が重ねられたのはこの時期のことです．1846年から1847年にかけて，『クレルレの数学誌』に「楕円関数論への寄与」という通し表題のもとで6篇の連作が掲載されました．表題は下記のとおりです．

I 「レムニスケート関数の理論からの4次剰余の基本定理の導

出．並びに乗法公式と変換公式への諸注意」
『クレルレの数学誌』第 30 巻，185-210 頁，1846 年．末尾
の日付は 1845 年 10 月．この日付はアイゼンシュタインの
楕円関数論研究のはじまりの時期を示しています．

II 「和公式の新しい証明」
同，211-214 頁．日付なし．

III 「変換公式への諸注意の続き」
同誌，第 32 巻，59-70 頁，1846 年．末尾の日付は 1846
年 2 月．

IV 「楕円関数に対する加法定理を特別の場合として含む一般定
理について」
同誌，第 35 巻，137-146 頁，1847 年．末尾の日付は 1847
年 2 月．ベルリン大学の私講師になっています．

V 「楕円変換公式における分子と分母が満たす微分方程式につ
いて」
同誌，第 35 巻，147-152 頁，1847 年．日付なし．

VI （前半）
「楕円関数を商として組立てるのに用いられる無限 2 重積の
精密な研究」
同誌，第 35 巻，1847 年，153-184 頁．
（後半）
「楕円関数を商として組立てるのに用いられる無限 2 重積お
よびそれに関連する 2 重級数の精密な研究」

同，185-274 頁．末尾の日付は 1847 年 9 月．日にちなし．
肩書はベルリン大学私講師．第 6 論文は二つに分けて掲載
されました．

■■ ガウスの言葉

1847 年，アイゼンシュタインの論文集

Mathematische Abhamdlungen
besonders aus dem Gebiete der Höhern Arithmetik und der
Elliptischen Functionen

が刊行されました．Mathematische Abhandlungen というのは
「数学論文集」のことで，特に「高等的なアリトメチカ（Höhern
Arithmetik）」と「楕円関数（Elliptischen Functionen）」の領域に
所属する論文を収集して編まれたことが明記されています．「ア
リトメチカ」は数の理論です．ガウスは D.A. の緒言において
数の理論を初等的と高等的に区分けし，D.A. で語られるのは高
等的な数論であることを宣言しています．その言葉遣いが，ア
イゼンシュタインの論文集の書名にそのまま再現されています．
1844 年の長篇「円周等分に由来する 3 変数 3 次形式に関する一
般的研究」と 6 篇の連作「楕円関数論への寄与」も収録されまし
た．1847 年のアイゼンシュタインはまだ 24 歳ですし，論文集
が出るには早すぎるようにも思われるところですが，それにもま
していっそう驚嘆に値するのはガウスが序文を寄せているという
一事です．序文に附せられた日付は 1847 年 9 月．アイゼンシ
ュタインの連作「楕円関数論への寄与」の第 6 論文の末尾に記
入された日付と同じです．論文集の刊行年が 1847 年であること
と思い合わせると，刊行にいたるまでのあれこれの事情に想像
が及びます．

　ガウスは数の理論と「対数関数や円関数をこえた超越関数」（楕円関数を指しています）の理論の深遠な魅力を語り，次いで，オイラーの論文［E 506］から

　　Penitus obstupui, quum hoc mihi nunciaretur

という言葉を引きました．「これを知らされたときはほんとうに驚いた」という意味で，ラテン語で表記されています．

　オイラーの［E 506］の表題は

「微分方程式 $\dfrac{dx}{\sqrt{X}} = \dfrac{dy}{\sqrt{Y}}$ の積分にあたってラグランジュが用いたきわめてエレガントな方法の解明」
『サンクトペテルブルク帝国科学アカデミー報告（Acta Academiae Scientiarum Imperialis Petropolitanae）』，1778年，I，20–57頁．1780年刊行．

というものです．ラグランジュの名が見られるとおり，オイラーはラグランジュの論文に触発されて［E 506］を書きました．そのラグランジュの論文というのは，

「不定数が分離されているが，各辺を個別に積分することのできないという 2, 3 の微分方程式の積分について」
『トリノ論文集（Melanges de Philosophie et de Mathematique de la Societe Royale de Turin）』，第4巻，98-125頁（この巻は大きく二分され，それぞれにに頁番号が附されています．ラグランジュの論文の掲載場所は後半部）．1766-1769年．論文の末尾の日付は 1768 年 9 月 20 日．

を指しています．原語の les indéterminées に「不定数」という

訳語をあてましたが，意味するところは「変数」と同じです．

たとえば，微分方程式

$$\frac{dx}{\sqrt{1-x^4}} = \frac{dy}{\sqrt{1-y^4}}$$

では変数 x, y が分離しています．左右の微分式の積分 $\int \frac{dx}{\sqrt{1-x^4}}, \int \frac{dy}{\sqrt{1-y^4}}$ が判明すれば，この微分方程式の解が求められますが，その見込みが立たないというので壁にぶつかります．この困難を乗り越えて微分方程式の解，すなわち積分を求めるにはどうしたらよいのかというのがラグランジュの論文のテーマです．ラグランジュに先立ってオイラーはすでにこれに成功し，代数的な一般積分を発見しています．ところがラグランジュはオイラーの方法よりもはるかにエレガントな方法によりこの問題を解決し，それを知ったオイラーは「ほんとうに驚いた」と感嘆の声を挙げて論文［E506］を書いたのでした．

ガウスが引いたオイラーの言葉の背景にはこのような経緯が広がっています．ガウスはアイゼンシュタインの諸論文を見て心から驚愕し，感嘆せずにはいられない心情をオイラーの言葉に託して表明したのではないでしょうか．高等的な数の理論と楕円関数論が融合して広々と広がっていく新たな数学的世界．早くからそのような情景を思い描いていたガウスの前に若いアイゼンシュタインが現れて，夢のようなガウスの構想をたいへんな勢いで現実のものにしていきました．ガウスがアイゼンシュタインの出現を喜び，異様に高く評価した理由はそのあたりに求められるように思います．

■■ 虚数乗法子を伴う変数分離型微分方程式

「楕円関数論への寄与」の第1論文では，レムニスケート関数

の理論に基づいて 4 次剰余の基本定理，別の言葉では 4 次の相
互法則を導くことがめざされています．この基本定理の発見に
成功したガウスは証明ももっていたようですが，未発表のまま
に終っています．これを受けて，アイゼンシュタインは証明に
挑戦し，しかもその証明の原理を楕円関数の仲間のレムニスケ
ート関数という超越関数から汲もうとしたところに卓抜な創意
が感知されます．

　第 1 論文は奇の複素整数 $a+bi=m$ を提示するところから始
まります．a,b は有理整数として，$m=a+bi$ という形の複素数
を指して，ガウスは「複素整数」と呼びました．今日の語法では
ガウス整数という呼び名が流布しています．奇の複素整数とい
うのは $1+i$ で割り切れない複素整数のことで，$m=a+bi$ と表
記して a,b に課される限定条件としてこれを表記すると，「有理
整数域において，a,b の一方は奇数，他方は偶数であるもの」が
奇の複素整数です．実際，$m=a+bi$ が $1+i$ で割り切れるとす
ると，商を $c+di$（これも複素整数です）として，等式

$$a+bi=(c+di)(1+i)$$

が成立します．これより $a=c-d, b=c+d$．よって
$c=\dfrac{1}{2}(a+b), d=\dfrac{1}{2}(-a+b)$ となりますが，c と d がともに有
理整数であるためには a,b がともに奇数であるか，あるいはと
もに偶数であることが要請されます．この要請が満たされない
a,b に対し，言い換えると，a,b の一方が奇数で他方が偶数であ
るとき，$m=a+bi$ は $1+i$ で割り切れません．それが複素整数
の世界における奇数です．

　奇の複素整数 $m=a+bi$ に対し，有理整数 $a^2+b^2=p$ を m の
ノルムと呼び，これを

$$p=N(m)$$

と表記します．ノルムという呼び名を提案したのはガウスです

が，ガウスは $N(m)$ という記号は用いていません．m は奇の複素整数，したがって a,b の一方は偶数で，他方は奇数ですから，m のノルムは必然的に「4 で割ると 1 が余る有理整数」になります．フェルマのように「4 の倍数より 1 だけ大きい数」と言ってもよく，あるいはまた「$4n+1$ という形の数」と言っても同じことになります．

　アイゼンシュタインは奇の複素整数を乗法子として採用し，微分方程式

(1) $$\frac{\partial y}{\sqrt{1-y^4}} = (a+bi) \cdot \frac{\partial x}{\sqrt{1-x^4}}$$

を提示しました．アイゼンシュタインの表記法をそのまま採用して $\partial x, \partial y$ と書きましたが，dx, dy としても同じです．左右両辺に見られる微分式はレムニスケート曲線

$$(x^2+y^2)^2 = x^2 - y^2$$

の線素です．この微分式の積分はレムニスケート積分，レムニスケート積分の逆関数がアイゼンシュタインの論文の表題に見られるレムニスケート関数です．

　微分方程式 (1) の積分として，アイゼンシュタインは

(2) $$y = x\frac{A_0 + A_1 x^4 + A_2 x^8 + \cdots + A_{\frac{1}{4}(p-1)} x^{p-1}}{1 + B_1 x^4 + B_2 x^8 + \cdots + B_{\frac{1}{4}(p-1)} x^{p-1}}$$
$$= \frac{U}{V}$$

という形の分数式を書きました．$p-1$ が 4 の倍数であることに留意しておきたいところです．また，$x=0$ のとき $y=0$ となるように調節されています．ここで，係数 $A_0, A_1, \cdots, A_{\frac{1}{4}(p-1)}$，$B_1, \cdots, B_{\frac{1}{4}(p-1)}$ は複素整数を表しています．微分方程式 (1) の積分というのは，x, y を連繋する方程式のうち，この微分方程式を生成する力を備えているものの呼び名です．その方程式が代数的であれば代数的積分という呼称があてはまります．有理

式により表示される積分（2）は非常に特殊な形ではありますが，これはこれで代数的積分の一種です.

このような分数式の形の代数的積分の由来が気にかかりますが，アーベルの「楕円関数研究」(1827–28 年) に詳述されているとおり，レムニスケート関数の加法定理と，レムニスケート関数が虚数乗法をもつという事実に由来する現象です．このあたりの消息については，アイゼンシュタインの論文を読み進めながらおいおい語っていくことにします.

■■ 係数の決定をめざす

微分方程式（1）の積分（2）の分子と分母は代数的にも数値的にも互いに素であるものとします．言い換えると，分子と分母の双方をも割り切る x の複素整係数多項式は存在せず，双方を割り切る複素整数もまた存在しないとします．アイゼンシュタインは係数の数値を決定しようとしています．あるいはまた，目標は 4 次剰余の理論における基本定理，別の言葉では 4 次の相互法則を証明することですから，必ずしも諸係数のすべてを算出する必要はないかもしれず，必要なだけの諸性質が判明すれば十分です.

まずはじめに $A_0 = m$ が示されました．アイゼンシュタインの議論に追随すると，A_0 は $\frac{y}{x}$ が $x = 0$ のときにとる値です．ところが，$x = 0$ のとき $y = 0$ となりますから，$x = 0$ のときの $\frac{y}{x}$ の値というのは二つの微分 $\partial y, \partial x$ の比 $\frac{\partial y}{\partial x}$ が $x = 0$ のときにとる値です．今日微積分の語法では，x の関数 y の $x = 0$ における微分係数にほかなりません．ところが，微分方程式（1）により

$$\frac{\partial y}{\partial x} = m \frac{\sqrt{1-y^4}}{\sqrt{1-x^4}}$$

と表示されます．そこで $x=0$ と置くと，そのとき $y=0$ であることに留意して，$A_0 = m$ が得られます．

　次に，微分方程式（1）とその積分（2）において $x = \frac{1}{i^\mu \xi}$，$y = \frac{1}{\eta}$ という変数変換を行います．ここで，$i = \sqrt{-1}$．また，μ は適切に定められる有理整数ですが，どのように定めるのか，まだわかりません．このとき，$\partial x = -\frac{\partial \xi}{i^\mu \xi^2}$，$\partial y = -\frac{\partial \eta}{\eta^2}$ となりますから，

$$\frac{\partial x}{\sqrt{1-x^4}} = \frac{-\frac{\partial \xi}{i^\mu \xi^2}}{\sqrt{1-\frac{1}{i^{4\mu}\xi^4}}} = -\frac{\partial \xi}{i^\mu \sqrt{\xi^4-1}},$$

$$\frac{\partial y}{\sqrt{1-y^4}} = \frac{-\frac{\partial \eta}{\eta^2}}{\sqrt{1-\frac{1}{\eta^4}}} = -\frac{\partial \eta}{\sqrt{\eta^4-1}}$$

と計算が進み，微分方程式

$$\frac{\partial \xi}{i^\mu \sqrt{\xi^4-1}} = m \frac{\partial \eta}{\sqrt{\eta^4-1}}$$

が得られます．ここで，平方根の多価性を考慮すると，α, β は奇数（1 または 3）として，$\sqrt{\xi^4-1} = i^\alpha \sqrt{1-\xi^4}$，$\sqrt{\eta^4-1} = i^\beta \sqrt{1-\eta^4}$ と表記されますから，

$$\frac{\partial \xi}{i^\mu i^\alpha \sqrt{1-\xi^4}} = m \frac{\partial \eta}{i^\beta \sqrt{1-\eta^4}}$$

という形になります．そこで有理整数 μ を $\mu = \beta - \alpha$ と定めておけば，

$$\frac{\partial \xi}{\sqrt{1-\xi^4}} = m \frac{\partial \eta}{\sqrt{1-\eta^4}}$$

という，提示された微分方程式（1）と同じ形の微分方程式が現れます．（1）の積分（2）において $x = \frac{1}{i^\mu \xi}$，$y = \frac{1}{\eta}$ を代入すると，

この変数変換後に得られた同型の微分方程式の積分が得られます. $i^4 = 1$ に留意して計算すると, それは

$$\eta = i^\mu \xi \frac{B_{\frac{1}{4}(p-1)} + B_{\frac{1}{4}(p-5)}\xi^4 + \cdots + B_1 \xi^{p-5} + \xi^{p-1}}{A_{\frac{1}{4}(p-1)} + A_{\frac{1}{4}(p-5)}\xi^4 + \cdots + A_1 \xi^{p-5} + A_0 \xi^{p-1}}$$

という形の分数式です. この状況を観察すると, 提示された微分方程式 (1) は,

$$(3) \qquad y = i^\mu x \frac{B_{\frac{1}{4}(p-1)} + B_{\frac{1}{4}(p-5)}x^4 + \cdots + B_1 x^{p-5} + x^{p-1}}{A_{\frac{1}{4}(p-1)} + A_{\frac{1}{4}(p-5)}x^4 + \cdots + A_1 x^{p-5} + A_0 x^{p-1}}$$

という, もうひとつの積分をもつことがわかります.

—— 第2章 ——

アーベルの楕円関数論の影響を拾う

■■ 係数の決定をめざす (続き)

アイゼンシュタインはガウス整数を乗法子とする変数分離型の微分方程式

$$(1) \qquad \frac{\partial y}{\sqrt{1-y^4}} = (a+bi) \cdot \frac{\partial x}{1-x^4}$$

を提示して，まずはじめに

$$(2) \qquad y = x \frac{A_0 + A_1 x^4 + A_2 x^8 + \cdots + A_{\frac{1}{4}(p-1)} x^{p-1}}{1 + B_1 x^4 + B_2 x^8 + \cdots + B_{\frac{1}{4}(p-1)} x^{p-1}} = \frac{U}{V}$$

という形の積分を書きました．y が x の有理式として表示されていて，しかも右辺の有理式の分母は x^4 の多項式であり，分子もまた x に x^4 の多項式が乗じられています．続いてアイゼンシュタインは変数変換を遂行し，もうひとつの積分

$$(3) \qquad y = i^\mu x \frac{B_{\frac{1}{4}(p-1)} + B_{\frac{1}{4}(p-5)} x^4 + \cdots + B_1 x^{p-5} + x^{p-1}}{A_{\frac{1}{4}(p-1)} + A_{\frac{1}{4}(p-5)} x^4 + \cdots + A_1 x^{p-5} + A_0 x^{p-1}}$$

を手に入れました．この新たな積分もまた $x=0$ のとき $y=0$ となるという，いわば初期条件を満たすことに留意すると，微分方程式 (1) の二つの積分 (2) と (3) は同一であることが帰結し

ます．しかも積分 (2) の分母と分子を同時に割り切る複素整係
数多項式も複素整数も存在しませんから，(2) の分母と分子は
(3) の分母と分子と完全に一致します．多項式と見て一致する
ということですから，x の同一の冪の係数を比較すると一致する
ということですが，正確に言うと，複素単数だけ食い違うこと
はありえます．複素単数というのは，有理整数域では ± 1 のこ
とで，複素整数域では ± 1 に加えて $\pm i$ もまた単数です．± 1 も
$\pm i$ もみな i の冪です．

　このような考察を踏まえて，アイゼンシュタインは

$$
(4) \qquad A_0 = i^\nu B_{\frac{1}{4}(p-1)},
$$
$$
A_1 = i^\nu B_{\frac{1}{4}(p-5)}, \cdots, A_{\frac{1}{4}(p-5)} = i^\nu B_1, \ A_{\frac{1}{4}(p-1)} = i^\nu
$$

という関係式を書きました．ここで，ν は何らかの有理整数で
す．積分 (2) の右辺の有理式の分母と分子の諸係数はこのよう
な関係で結ばれています．ここから出発して，これから係数の
決定をめざしていくことになりますが，その前に積分 (2) につ
いてアーベルの論文「楕円関数研究」を参照してもう少し書き添
えておきたいと思います．

■■ レムニスケート関数の虚数乗法
── アーベルの「楕円関数研究」より (1)

　アイゼンシュタインは出所を明らかにしていませんが，積分
(2) の初出はアーベルの「楕円関数研究」です．以下しばらくア
ーベルの語法を（括弧を補充するなど，いくぶん補正して）踏襲
することにします．アーベルは楕円関数の一般理論の展開を押
し進める中で，重要な応用例としてレムニスケート積分

$$\alpha = \int_0^x \frac{dx}{\sqrt{1-x^4}}$$

を取り上げました．この積分の逆関数がレムニスケート関数で，
アーベルはこれを

$$x = \varphi(\alpha)$$

と表記しています．今日の語法ではレムニスケート関数は2重
周期をもつ有理型関数ですが，アーベルはいきなりそのように
宣言することはせず，一歩また一歩と拡大していきました．x の
変域を実数域に限定し，0 から 1 まで増大していく状況を想定す
ると，それに伴って α は 0 から

$$\frac{\omega}{2} = \int_0^1 \frac{dx}{\sqrt{1-x^4}}$$

まで単調に増大します．逆関数 $x = \varphi(\alpha)$ に移ると，この関
数は $\alpha = 0$ から $\alpha = \frac{\omega}{2}$ まで単調に増大します．これで区間
$0 \leqq \alpha \leqq \frac{\omega}{2}$ において関数 $\varphi(\alpha)$ が規定されました．これがレムニ
スケート関数の断片です．

　この断片から出発して，アーベルは定義域の拡大をめざし，
最後に α のあらゆる複素数値に対して1個の関数値 $\varphi(\alpha)$ を割り
当てました（関数値が無限大になることもあります）．アーベル
が認識した顕著な性質を挙げていくと，まずレムニスケート関
数は2重周期 $2\omega, 2\omega i$ をもち，任意の整数 m, n に対して等式

$$\varphi(2m\omega + 2n\omega i + \alpha) = \varphi(\alpha)$$

が成立します．零点は $m\omega + n\omega i$ という形に表示され，関数
値が無限大になる点（今日の語法では「極」と呼ばれる点）は
$\left(m+\frac{1}{2}\right)\omega + \left(n+\frac{1}{2}\right)\omega i$ という形に表示されます．

　レムニスケート積分のもっともめざましい性質は「虚数乗法を
もつ」という一事です．レムニスケート積分

$$\alpha = \int_0^x \frac{dx}{\sqrt{1-x^4}}$$

において変数変換 $y = ix$ を実行すると，

$$\alpha = \int_0^x \frac{dx}{\sqrt{1-x^4}} = \frac{1}{i} \int_0^{ix} \frac{dy}{\sqrt{1-y^4}}$$

となり，等式 $i\alpha = \int_0^{ix} \frac{dy}{\sqrt{1-y^4}}$ が導かれます．これより $ix = \varphi(i\alpha)$.
これを $x = \varphi(\alpha)$ と組合わせると，等式

$$\varphi(i\alpha) = i\varphi(\alpha)$$

が得られます．レムニスケート関数 $\varphi(\alpha)$ が虚数乗法をもつ」と
いうのは，この等式が成立することを指しています．アーベル
がそのように呼んでいるわけではありませんが，以下の叙述で
はこの呼び名を採用することにしたいと思います．

　微分方程式の視点に立てば，レムニスケート関数が虚数乗法
をもつというのは，乗法子 i をもつ変数分離型微分方程式

$$\frac{dy}{\sqrt{1-y^4}} = i\frac{dx}{\sqrt{1-x^4}}$$

が代数的積分 $y = ix$ を許容するということにほかなりません．

■■ 加法定理と倍角の公式
── アーベルの「楕円関数研究」より (2)

　加法定理の成立はレムニスケート関数ばかりではなく，楕円
関数に備わっている一般的な属性です．アーベルが書いた加法
定理をレムニスケート関数の場合にあてはめると，

$$\varphi(\alpha+\beta) = \frac{\varphi(\alpha)f(\beta)F(\beta)+\varphi(\beta)f(\alpha)F(\alpha)}{1+\varphi^2(\alpha)\varphi^2(\beta)}$$

となります．ここで，$f(\alpha)$ と $F(\alpha)$ は補助的な役割を担う関数
で，

$$f(\alpha) = \sqrt{1-\varphi^2(\alpha)}, \ F(\alpha) = \sqrt{1+\varphi^2(\alpha)}$$

と定められます． $f(\alpha)F(\alpha) = \sqrt{1-\varphi^4(\alpha)}, \ f(\beta)F(\beta) = \sqrt{1-\varphi^4(\beta)}$ となることに留意すると，加法定理は

$$\varphi(\alpha+\beta) = \frac{\varphi(\alpha)\sqrt{1-\varphi^4(\beta)} + \varphi(\beta)\sqrt{1-\varphi^4(\alpha)}}{1+\varphi^2(\alpha)\varphi^2(\beta)}$$

という簡明な形になりますが，アーベルがこのように書いているわけではありません．

$f(\alpha), F(\alpha)$ に対しても同様の形の等式

$$f(\alpha+\beta) = \frac{f(\alpha)f(\beta) - \varphi(\alpha)\varphi(\beta)F(\alpha)F(\beta)}{1+\varphi^2(\alpha)\varphi^2(\beta)}$$

$$F(\alpha+\beta) = \frac{F(\alpha)F(\beta) + \varphi(\alpha)\varphi(\beta)f(\alpha)f(\beta)}{1+\varphi^2(\alpha)\varphi^2(\beta)}$$

が成立します．

βi という形の純虚数に対しては，レムニスケート関数が虚数乗法をもつことを示す等式 $\varphi(\beta i) = i\varphi(\beta)$ により，$f(\beta i) = F(\beta)$, $F(\beta i) = f(\beta)$ となりますから，等式

$$\varphi(\alpha+\beta i) = \frac{\varphi(\alpha)f(\beta)F(\beta) + i\varphi(\beta)f(\alpha)F(\alpha)}{1-\varphi^2(\alpha)\varphi^2(\beta)}$$

あるいはまた等式

$$\varphi(\alpha+\beta i) = \frac{\varphi(\alpha)\sqrt{1-\varphi^4(\beta)} + i\varphi(\beta)\sqrt{1-\varphi^4(\alpha)}}{1-\varphi^2(\alpha)\varphi^2(\beta)}$$

が成立します．この等式により，虚数に対応するレムニスケート関数の値は実数値に対する値に帰着されることがわかります．

補助関数 $f(\alpha), F(\alpha)$ も加法定理を満たし，それぞれ次のような形の等式が成立します．

$$f(\alpha+\beta i) = \frac{f(\alpha)F(\beta) - i\varphi(\alpha)\varphi(\beta)F(\alpha)f(\beta)}{1-\varphi^2(\alpha)\varphi^2(\beta)}$$

$$F(\alpha+\beta i) = \frac{F(\alpha)f(\beta) + i\varphi(\alpha)\varphi(\beta)f(\alpha)F(\beta)}{1-\varphi^2(\alpha)\varphi^2(\beta)}$$

α と β の形を限定して，$\alpha = m\delta, \ \beta = \mu\delta$ とすると，加法定理

により $\varphi((m+\mu i)\delta)$, $f((m+\mu i)\delta)$, $F((m+\mu i)\delta)$ はいずれも 6 個の関数

$$\varphi(m\delta),\ \varphi(\mu\delta),\ f(m\delta),\ f(\mu\delta),\ F(m\delta),\ F(\mu\delta)$$

の有理式の形に表示されます．特に m と μ がどちらも整数であれば，これらの 6 個の関数は 3 個の関数 $\varphi(\delta), f(\delta), F(\delta)$ を用いて有理的に書き表されます．

　このように論証を重ねて，最後に $\varphi((m+\mu i)\delta)$ を $\varphi(\delta)$ により有理的に表示するところまで進めたいのですが，そのためには上記の 6 個の関数の 3 個の関数 $\varphi(\delta), f(\delta), F(\delta)$ による表示の様式を精密に観察する必要があります．アーベルは加法定理から導かれる倍角の公式に基づいてこの観察を遂行し，$m+\mu$ が奇数の場合を取り上げて，

$$\varphi((m+\mu i)\delta)=\varphi(\delta)\,T$$

という表示式を書きました．ここで，T は $(\varphi(\delta))^2$, $(f(\delta))^2$, $(F(\delta))^2$ の有理式ですが，$(f(\delta))^2=1-(\varphi(\delta))^2$, $(F(\delta))^2=1+(\varphi(\delta))^2$ となりますから，実際には $(\varphi(\delta))^2$ の有理式です．そこで $x=\varphi(\delta)$ と置くと，$\psi(x^2)$ は x^2 の有理式として，

$$\varphi((m+\mu i)\delta)=x\psi(x^2)$$

という形に表記されます．

　この表示式において δ を δi に変えると，レムニスケート関数は虚数乗法をもちますから，$\varphi(\delta)=x$ は $\varphi(\delta i)=i\varphi(\delta)=ix$ に変り，$\varphi((m+\mu i)\delta)$ は $\varphi((m+\mu i)\delta i)=i\varphi((m+\mu i)\delta)$ に変ります．それゆえ，$\varphi((m+\mu i)\delta)=x\psi(x^2)$ は $i\varphi((m+\mu i)\delta)=ix\psi(-x^2)$ に変ることになりますから，両辺を i で割って，$\varphi((m+\mu i)\delta)$ のもうひとつの表示式

$$\varphi((m+\mu i)\delta)=x\psi(-x^2)$$

が得られます．これらの二つの表示式を比べると，等式

$$\psi(-x^2)=\psi(x^2)$$

が成立しなければならないことが明らかになります. これ
を言い換えると, $\psi(x^2)$ に現れる x の冪は実は x^{4k} という形
のもののみであるということにほかなりません. これで,
$\varphi((m+\mu i)\delta)=xT$ において, T は x^4 の有理式であることがわか
りました.

■■ $\varphi((2+i))\delta$ の有理表示
——アーベルの「楕円関数研究」より (3)

　ここまでの論証では倍角の公式を用いるところの説明を省略
しましたが, アーベルとともに $\varphi((2+i)\delta)$ を例にとって計算を
実行してみたいと思います. アイゼンシュタインもこの例を挙
げています. この場合には $\alpha=2\delta$, $\beta=\delta$ が該当し, まず

$$\varphi((2+i)\delta)=\frac{\varphi(2\delta)f(\delta)F(\delta)+i\varphi(\delta)f(2\delta)F(2\delta)}{1-(\varphi(2\delta))^2(\varphi(\delta))^2}$$

が現れます. この表示式については詳述したとおりです. こ
こで 2 倍角の公式を適用します. 加法定理により $\varphi(\alpha+\beta)$,
$f(\alpha+\beta)$, $F(\alpha+\beta)$ を $\varphi(\alpha),\varphi(\beta),f(\alpha),f(\beta),F(\alpha),F(\beta)$ を用い
て表示することができますが, その表示式において $\alpha=\beta=\delta$ と
置くと 2 倍角の公式が得られます. 具体的に書くと,

$$\varphi(2\delta)=\frac{2\varphi(\delta)f(\delta)F(\delta)}{1+(\varphi(\delta))^4}$$

$$f(2\delta)=\frac{(f(\delta))^2-(\varphi(\delta))^2(F(\delta))^2}{1+(\varphi(\delta))^4}$$

$$F(2\delta)=\frac{(F(\delta))^2+(\varphi(\delta))^2(f(\delta))^2}{1+(\varphi(\delta))^4}$$

となります. ここで $\varphi(\delta)=x, f(\delta)=\sqrt{1-x^2}$, $F(\delta)=\sqrt{1+x^2}$ に
留意すると,

$$\varphi(2\delta) = \frac{2x\sqrt{1-x^4}}{1+x^4}$$

$$f(2\delta) = \frac{1-2x^2-x^4}{1+x^4}$$

$$F(2\delta) = \frac{1+2x^2-x^4}{1+x^4}$$

という表示が得られます．そこでこれらを $\varphi((2+i)\delta)$ の表示式に代入して計算を進めると，

$$\varphi((2+i)\delta)$$

$$= \frac{\dfrac{2x\sqrt{1-x^4}}{1+x^4} \times \sqrt{1-x^2} \times \sqrt{1+x^2} + i \times x \times \dfrac{1-2x^2-x^4}{1+x^4} \times \dfrac{1+2x^2-x^4}{1+x^4}}{1 - \left(\dfrac{2x\sqrt{1-x^4}}{1+x^4}\right)^2 \times x^2}$$

$$= \frac{2x(1-x^4)(1+x^4) + ix(1-2x^2-x^4)(1+2x^2-x^4)}{(1+x^4)^2 - 4x^4(1-x^4)}$$

$$= x \times \frac{2-2x^8 + i(1-6x^4+x^8)}{1-2x^4+5x^8}$$

という表示に達します．ここで，右辺の有理式の分母と分子は

$$1-2x^4+5x^8 = (1-(1+2i)x^4)(1-(1-2i)x^4)$$

$$2-2x^8 + i(1-6x^4+x^8) = i(1-(1+2i)x^4)(1-2i-x^4)$$

と因数分解されますから，

$$\varphi((2+i)\delta) = xi\frac{1-2i-x^4}{1-(1-2i)x^4}$$

となります．先ほどの記号を合せると

$$T = i\frac{1-2i-x^4}{1-(1-2i)x^4}$$

であり，たしかに x^4 の有理式になっています．

　アーベルはガウス整数域に係数をもつ多項式の因数分解を実行して，この表示式に到達しました．この因数分解は容易ではなく，よほど強固な確信に支えられていた様子がうかがわれます．m と μ に「$m+\mu$ は奇数」という条件を課したのはアーベル

の創意の発露であり，注目に値します．m, μ の一方は偶数で他方は奇数と言っても同じことになります．ガウスは 1832 年の論文「4 次剰余の理論 II」において複素整数域を設定し，このような m, μ により作られる複素整数 $m+\mu i$ のことを奇数と呼びました．アーベルの没後のことですし，もとよりアーベルの知るところではありませんが，ガウスのほうではアーベルの論文「楕円関数研究」を承知していました．おりしも複素整数域における数論の展開を志していた時期でもあり，アーベルの創意がガウスの心情に何らかの示唆を与えたのではないかという想像は許されるのではないかと思います．

■■ レムニスケート関数の虚数等分方程式
—— アーベル「楕円関数研究」より（4）

4 で割ると 1 が余る素数，あるいは同じことになりますが，4 の倍数より 1 だけ大きい数，あるいはまた $4\nu+1$ という形の素数は二つの平方数の和として，

$$4\nu+1 = \alpha^2+\beta^2$$

という形に表されます．これはフェルマが発見して「直角三角形の基本定理」と呼んだ数論の命題です．アーベルはガウスの著作 $D.A.$ こと $Disquisitiones\ Arithmeticae$（アリトメチカ研究）を読んで承知していたのであろうと思われますが，なお一歩を進めて

$$4\nu+1 = (\alpha+\beta i)(\alpha-\beta i)$$

と虚因子の積に分解したのは実に驚くべき出来事であり，感嘆するほかはありません．二つの平方数の和 $\alpha^2+\beta^2$ が奇数になるのですから α と β の一方は偶数で，他方は奇数です．これを言い換えると，複素整数 $\alpha+\beta i$ は奇数です．逆に複素整数 $\alpha+\beta i$ が

奇数なら，そのノルム $p = \alpha^2 + \beta^2$ は $4\mu + 1$ という形になります．

和 $\alpha + \beta$ は有理整数域における奇数ですから，前節で見たように，

$$\varphi((\alpha + \beta i)\delta) = xT$$

という形に表示されます．ここで，T は $x^4 = (\varphi(\delta))^4$ の有理式ですが，分母と分子をあらためてそれぞれ S, T と書くことにして，これを

$$\varphi((\alpha + \beta i)\delta) = x\frac{T}{S}$$

と書くことにします．今度は S, T はいずれも $x^4 = (\varphi(\delta))^4$ の多項式です．

これを

$$S\varphi((\alpha + \beta i)\delta) - xT = 0$$

と書くと x に関する代数方程式になります．これが一般虚数等分方程式で，この方程式の根の表示を求めることがアーベルの楕円関数論の一つの大きなテーマでした．他方，微分方程式の視点に立つと，この方程式は複素整数 $\alpha + \beta i$ を乗法子にもつ変数分離型微分方程式

$$\frac{dy}{\sqrt{1 - y^4}} = (\alpha + \beta i)\frac{dx}{\sqrt{1 - x^4}}$$

の代数的積分を表しています．これがアイゼンシュタインの出発点です．

実際，この微分方程式の両辺を積分し，$(\alpha + \beta i)\delta$ と等値して等式

$$\int_0^y \frac{dy}{\sqrt{1 - y^4}} = \int_0^x (\alpha + \beta i)\frac{dx}{\sqrt{1 - x^4}} = (\alpha + \beta i)\delta$$

を作ると，

$$y = \varphi((\alpha + \beta i)\delta), \ x = \varphi(\delta)$$

と表示され，x と y は代数方程式 $S\varphi((\alpha + \beta i)\delta) - xT = 0$ により

結ばれています．この視点を定めたのもアーベルです．

　アイゼンシュタインの論文はアーベルの楕円関数論とガウスの4次剰余の理論を踏まえて書き進められています．ときおりガウスの名に出会うのは当然として，アーベルへの言及がまったく見られないのはいかにも不審です．この疑問をこころに留めて，アイゼンシュタインの論文を読み進めていきたいと思います．

■■ アイゼンシュタインにもどって

　アーベルの「楕円関数研究」を参照してアイゼンシュタインの出発点が確認できましたので，アイゼンシュタインの論文にもどります．表記法もアイゼンシュタインの流儀を踏襲します．アイゼンシュタインはレムニスケート積分の逆関数としてではなく，微分方程式を通じてレムニスケート関数 $\varphi(t)$ を導入しました．レムニスケート関数を規定するのは微分方程式

$$\frac{\partial \varphi(t)}{\partial t} = \sqrt{1-\varphi(t)^4}$$

であり，これに条件 $\varphi(0)=0$ が添えられています．$x = \varphi(t)$ と置くと $\frac{\partial x}{\partial t} = \sqrt{1-x^4}$．この微分方程式の変数を分離すると，

$$\partial t = \frac{\partial x}{\sqrt{1-x^4}}$$

となります．$t=0$ のとき同時に $x=0$ となるという条件を加味すると，積分することによりレムニスケート積分

$$t = \int_0^x \frac{\partial x}{\sqrt{1-x^4}}$$

が現れて，$x = \varphi(t)$ はレムニスケート積分の逆関数であることが確認されます．

　続いてアイゼンシュタインは数 ω を

$$\omega = 4 \int_0^1 \frac{\partial z}{\sqrt{1-z^4}}$$

と定めました．レムニスケート関数に移ると，

$$\varphi\left(\frac{\omega}{4}\right) = 1$$

となります．アーベルと同じ記号 ω が用いられていますが，アーベルの「楕円関数研究」では積分値 $\int_0^1 \frac{\partial z}{\sqrt{1-x^4}}$ は $\frac{\omega}{2}$ と表記されました．アイゼンシュタインの ω はアーベルの ω の 2 倍になっていて，ω と ωi がレムニスケート関数 $\varphi(t)$ の 2 重周期を構成しています．これを言い換えると，任意の整数 a, b に対して等式

$$\varphi(t+a\omega+b\omega i) = \varphi(t)$$

が成立するということにほかなりませんが，$k = a+bi$ と置くと任意の複素整数が表されます．それゆえ，関数 $\varphi(t)$ の周期性は，任意の複素整数 k に対して等式

$$\varphi(t+k\omega) = \varphi(t)$$

が成立することというふうに言い表されます．

　周期 ω は Γ 関数 $\Gamma(x)$ を用いて表されます．レムニスケート積分において変数変換 $x = z^4$ を行なって計算を進めると，$dz = \frac{1}{4} x^{-\frac{3}{4}} dx$ より，

$$\begin{aligned}
\int_0^1 \frac{\partial z}{\sqrt{1-z^4}} &= \frac{1}{4} \int_0^1 x^{-\frac{3}{4}} (1-x)^{-\frac{1}{2}} dx \\
&= \frac{1}{4} B\left(\frac{1}{4}, \frac{1}{2}\right) \\
&= \frac{1}{4} \frac{\Gamma\left(\frac{1}{4}\right)\Gamma\left(\frac{1}{2}\right)}{\Gamma\left(\frac{3}{4}\right)}
\end{aligned}$$

ここで，$B(x,y)$ はベータ関数です．$\Gamma\left(\frac{1}{2}\right) = \sqrt{\pi}$．また，$\Gamma$ 関数

に対する相補公式

$$\frac{1}{\Gamma(x)\Gamma(1-x)} = \frac{\sin \pi x}{\pi}$$

により,

$$\Gamma\left(\frac{1}{4}\right)\Gamma\left(\frac{3}{4}\right) = \frac{\pi}{\sin\dfrac{\pi}{4}} = \sqrt{2}\,\pi.$$

よって, $\Gamma\left(\dfrac{3}{4}\right) = \dfrac{\sqrt{2}\,\pi}{\Gamma\left(\dfrac{1}{4}\right)}$. これより

$$\int_0^1 \frac{\partial z}{\sqrt{1-z^4}} = \frac{1}{4}\,\frac{\Gamma\left(\dfrac{1}{4}\right)^2 \sqrt{\pi}}{\sqrt{2}\,\pi} = \frac{\Gamma\left(\dfrac{1}{4}\right)^2}{4\sqrt{2\pi}}.$$

ここから

$$\omega = \frac{\Gamma\left(\dfrac{1}{4}\right)^2}{\sqrt{2\pi}}$$

という表示が導かれます.

　レムニスケート関数の基本的性質として, アイゼンシュタインは次の二つの等式を挙げました.

$$\varphi(it) = i\varphi(t),$$

$$\varphi(t+t') = \frac{\varphi(t)\sqrt{1-\varphi(t')^4} + \varphi(t')\sqrt{1-\varphi(t)^4}}{1+\varphi(t)^2\varphi(t')^2}.$$

前者は虚数乗法をもつことを示す等式, 後者の等式は加法定理です. 三つの等式 $\varphi(-t) = -\varphi(t)$, $\varphi\left(\dfrac{\omega}{4}\right) = 1$, $\varphi\left(\dfrac{\omega i}{4}\right) = i\varphi\left(\dfrac{\omega}{4}\right) = i$ に留意して, 加法定理により計算を進めると, 二つの等式

$$\varphi\left(\frac{\omega}{4}+t\right) = \varphi\left(\frac{\omega}{4}-t\right), \quad \varphi\left(\frac{\omega i}{4}+t\right) = \varphi\left(\frac{\omega i}{4}-t\right)$$

が成立することが確認されます. 前者の等式において t を $\dfrac{\omega}{4}+t$ に置き換え, 後者の等式において t を $\dfrac{\omega i}{4}+t$ に置き換えると, それぞれ等式

$$\varphi\left(\frac{\omega}{2}+t\right)=\varphi(-t)=-\varphi(t),$$

$$\varphi\left(\frac{\omega i}{2}+t\right)=\varphi(-t)=-\varphi(t)$$

が得られます．関数 $\varphi(t)$ において，変数 t に $\frac{\omega}{2}$ もしくは $\frac{\omega i}{2}$ を加えると，そのつど関数値の符号が変ることを，これらの等式は示しています．そこでアイゼンシュタインは，α と β は有理整数として，

$$\varphi\left[(2\alpha+1+2\beta i)\frac{\omega}{4}\right]=(-1)^{\alpha+\beta}$$

という 1 個の等式を書いて，この符号変化の状況を書き留めました．

第3章

レムニスケート関数の虚倍角の公式

■■ レムニスケート関数の虚倍角の公式

　レムニスケート積分の逆関数を考えるというアイデアはアーベルの論文「楕円関数研究」において詳細に語られました．アイゼンシュタインがこのアイデアをアーベルに学んだのはまちがいなく，アイゼンシュタインに及ぼされたアーベルの影響はアイゼンシュタインの論文のここかしこに痕跡をとどめています．レムニスケート関数を表記するのにギリシア文字 φ を用いるところも共通しています．いくぶん不可解な印象を受けるのは「レムニスケート関数」という呼称のことで，アーベル自身は特別の呼称を提案することはなかったにもかかわらず，アイゼンシュタインの論文の表題に「レムニスケート関数」の一語が明記されています．アーベルに先立ってガウスはすでにレムニスケート積分の逆関数のアイデアを手にしていたことも思い出されます．ガウスの《数学日記》の第 108 項目は 1800 年 5 月末から 6 月 2 日，3 日ころに書かれた記事ですが，そこに「（最も一般的に採られた）レムニスケート・サイン」「およそ考えうる限りのあらゆるレムニスケート関数」という言葉が見られます．「ムニスケート・サインというのはレムニスケート関数のことと見てよさそうです．もうひとつのレムニスケート関数というのは，レムニ

スケート積分の逆関数そのものというよりも，何かしらレムニスケート曲線に関連するさまざまな関数の総称のような印象があります．それでもなお，ガウスとアイゼンシュタインとの交流ぶりを顧みると，アイゼンシュタインはガウスとの会話の中からレムニスケート関数という呼称を汲んだのではないかという想像に駆られます．

　ガウスもアーベルも，それにアイゼンシュタインもまたレムニスケート関数の考察に向いました．三者三様，みなそれぞれに考察の動機がありました．アイゼンシュタインの場合には，変数分離型の微分方程式

$$(1) \qquad \frac{\partial y}{\sqrt{1-y^4}} = (a+bi) \cdot \frac{\partial x}{\sqrt{1-x^4}}$$

が提示され，その代数的積分

$$(2) \qquad y = x \frac{A_0 + A_1 x^4 + A_2 x^8 + \cdots + A_{\frac{1}{4}(p-1)} x^{p-1}}{1 + B_1 x^4 + B_2 x^9 + \cdots + B_{\frac{1}{4}(p-1)} x^{p-1}} = \frac{U}{V}$$

が書き下されました．複素整数 $a+bi$ を $m = a+bi$ と表記し，$x=0$ と $y=0$ が対応するという初期条件のもとで微分方程式（1）の両辺の積分をつくると，等式

$$\int_0^y \frac{\partial y}{\sqrt{1-y^4}} = m \int_0^x \cdot \frac{\partial x}{\sqrt{1-x^4}}$$

が得られます．これを mt と等値すると，x と y はレムニスケート関数を用いて

$$y = \varphi(mt), \ x = \varphi(t)$$

と表示されますから，代数的積分（2）は

$$\varphi(mt) = \varphi(t) \times \frac{A_0 + A_1 \varphi(t)^4 + A_2 \varphi(t)^8 + \cdots + A_{\frac{1}{4}(p-1)} \varphi(t)^{p-1}}{1 + B_1 \varphi(t)^4 + B_2 \varphi(t)^8 + \cdots + B_{\frac{1}{4}(p-1)} \varphi(t)^{p-1}}$$

という形に書き表されます．二つのレムニスケート関数 $\varphi(mt)$, $\varphi(t)$ が連携し，$\varphi(mt)$ が $\varphi(t)$ により表されていますか

ら，三角関数の倍角の公式との類比をたどって，これをレムニスケート関数の m 倍角の公式と呼ぶことにします．m は自然数ではなく虚数であることに留意すると，虚倍角の公式という呼称もあてはまります．ただし，アイゼンシュタインがそのように呼んでいるわけではありません．

■■■ レムニスケート関数の効用

レムニスケート関数の m 倍角の公式において $t = \dfrac{\omega}{4}$ を代入すると，未決定の指数 ν が定まります．実際，このとき $\varphi\left(\dfrac{\omega}{4}\right) = 1$ となります．また，m は奇数の複素整数ですから，a と b は有理整数の範疇において一方は奇数，他方は偶数です．そこで a は奇数，b は偶数の場合を考えることにして，$a = 2\alpha+1$, $b = 2\beta$ と置くと，既述の等式

$$\varphi\left[(2\alpha+1+2\beta i)\,\frac{\omega}{4}\right] = (-1)^{\alpha+\beta}$$

により等式

$$\varphi(mt) = \varphi\left(m \cdot \frac{\omega}{4}\right) = (-1)^{\alpha+\beta}$$

が得られます．それゆえ，上記の m 倍角の公式は等式

(3) $$(-1)^{\alpha+\beta} = \frac{A_0 + A_1 + \cdots + A_{\frac{1}{4}(p-1)}}{1 + B_1 + \cdots + B_{\frac{1}{4}(p-1)}}$$

に移行します．ところが，既述のように，右辺の分数式の分母と分子に現れる係数は，

(4) $$A_0 = i^\nu B_{\frac{1}{4}(p-1)},$$

$$A_1 = i^\nu B_{\frac{1}{4}(p-5)}, \cdots, A_{\frac{1}{4}(p-5)} = i^\nu B_1,$$

$$A_{\frac{1}{4}(p-1)} = i^\nu$$

という関係で結ばれていますから，

$$(-1)^{\alpha+\beta} = i^\nu\, \frac{B_{\frac{1}{4}(p-1)}+B_{\frac{1}{4}(p-5)}+\cdots+B_1+1}{1+B_1+\cdots+B_{\frac{1}{4}(p-5)}+B_{\frac{1}{4}(p-1)}} = i^\nu$$

と計算が進みます．これで，実部が奇数で虚部が偶数である複素整数 m に対し，つねに等式

$$i^\nu = (-1)^{\alpha+\beta}$$

が成立することが明らかになりました．

　この等式が導かれた道筋を顧みると，微分方程式 (1) の代数的積分 (2) をレムニスケート関数の虚倍角の公式と見て，レムニスケート関数の諸性質に基づいて論証が進んでいます．レムニスケート積分の逆関数を考えるということの効用が，ここにはっきりと現れています．

■▓ プライマリーな素数とは

　ここまでのところでは複素素数 m として奇数が考えられてきましたが，これに加えてアイゼンシュタインはプライマリーという限定条件を課しました．プライマリーな奇素数というのはガウスが「4 次剰余の理論」の第 2 論文で導入した概念で，原語は primarius というラテン語の形容詞です．羅和辞典を参照すると，「第一の」「先立つ」「主要な」という訳語が並んでいます．ドイツ語では primär，英語では primary．適切な訳語が見あたりませんので，ひとまず英訳語をそのまま読んで「プライマリーな奇素数」と呼ぶことにしたいと思います．

　有理整数の世界では，0 以外の数は，a と $-a$ のように，大きさ，すなわち絶対値が等しくて，符号が反対の二つの数が組を作っています．有理整数の世界には 1 のほかにもうひとつ，-1 という単数が存在することに起因して観察される現象

です．複素整数の世界に移ると 4 個の単数 $1,-1,i,-i$ が存在
し，この状況に対応して複素整数は 4 個ずつの数がひとつの
グループをつくります．4 個の数とは，m は複素整数として，
$m,im,-m,-im$ という形の数のことで，これらを指してガウス
は随伴数と呼びました．m として特に（複素整数域における）
奇数を取り上げると，$m=a+bi$ と表記するとき，a と b の一方
は（有理整数域における）奇数，他方は偶数であることは既述
のとおりです．これを，「m は $1+i$ で割り切れない」と言い表し
ても同じことになります．実際，m が $1+i$ で割り切れる場合
を考えて，商を $\kappa+\lambda i$ と表記すると，$a+bi=(1+i)(\kappa+\lambda i)$ より
$\kappa=\frac{1}{2}(a+b),\lambda=\frac{1}{2}(-a+b)$ となりますが，κ と λ が有理整数で
あるためには a,b がともに偶数であるか，あるいはともに奇数
であるかのいずれかでしかありえません．それゆえ，「m が $1+i$
で割り切れない」というのは「a,b の一方が奇数で他方が偶数」
であることと同じです．

　数 2 は有理整数域では素数ですが，複素整数域では素数ではな
く，$2=(1+i)(1-i)$ と分解されます．しかも $1-i=-i\times(1+i)$ で
すから，$1+i$ と $1-i$ は随伴します．$2=-i(1+i)^2$ と表示すると，
$1+i$ は 2 の唯一の素因数であることが諒解され，ガウスはその
$1+i$ を基準にして複素整数域における奇数の概念を定めました．

　$m=a+bi$ は複素整数域における奇数とするとき，随伴する 4 個
の複素整数 $m,im,-m,-im$ すなわち $a+bi,-b+ai,-a-bi,b-ai$
の中に，$a-1$ と $b,-b-1$ と $a,-a-1$ と $-b,b-1$ と $-a$ のそれぞ
れがどちらも偶数の 2 倍であるか，あるいはまたどちらも奇数
の 2 倍であるものがただひとつ存在します．これを確認してみ
ます．m は奇数ですから a と b の一方は有理整数域での奇数，
もう一方は偶数です．そこで a は奇数，b は偶数としてみます．
この場合，$a-1$ は偶数ですから，$a-1$ と b の形に関して次のよ

うな3通りの場合が考えられます.

　　1) $a-1$ と b はどちらもそれぞれ偶数の2倍.

　　2) $a-1$ と b はどちらもそれぞれ奇数の2倍.

　　3) $a-1$ は奇数の2倍, b は偶数の2倍.

　　4) $a-1$ は偶数の2倍, b は奇数の2倍.

　場合1) のとき, $a+bi$ に随伴する他の3個の数 $-b+ai, -a-bi,$ $b-ai$ を観察すると, $-b+ai$ では $-b-1$ が奇数, $b-ai$ でも $b-1$ が奇数ですし, $-a-bi$ では $-a-1$ が奇数の2倍で, $-b$ は偶数の2倍になっています. それゆえ, 指定された属性を備えている数は $a+bi$ のみです.

　同様に場合2) のときも, 指定された属性を備えている数はやはり $a+bi$ のみです.

　場合3) のときは, $a-1=2\times(2\mu+1)$ と置くと, $-a-1=-2\times(2\mu+2)$ となり, $-a-1$ は b とともにある偶数の2倍の形になっています. したがって, $-a-bi$ は指定された属性を備えています. これに対し, 随伴する他の3個の数 $a+bi, -b+ai, b-ai$ を見ると, $a+bi$ では $a-1$ が奇数の2倍, b が偶数の2倍です. $-b+ai$ では $-b-1$ が奇数ですし, $b-ai$ でもまた $b-1$ が奇数です. それゆえ, 4個の随伴数の中に, 指定された属性を備えているのは $-a-bi$ のみであることがわかります.

　場合4) のときは, $a-1=4\mu$ と置くと, $-a-1=-2\times(2\mu+1)$ となりますから, $-a-1$ は $-b$ とともに奇数の2倍になります. したがって, $-a-bi$ には指定された属性が備わっています. 他の3個の随伴数 $a+bi, -b+ai, b-ai$ を見ると, $a+bi$ では $a-1$ が偶数の2倍で b は奇数の2倍, $-b+ai$ では $-b-1$ が奇数, $b-ai$ では $b-1$ が奇数になりますから. これらの3個の数のどれにも指定された属性が備わっていません. それゆえ, 4個の随伴

数のうち，指定された属性を備えているのは $-a-bi$ のみです.

　$a-1$ と b がどちらも偶数の 2 倍のとき，$a-1=4\mu$, $b=4\nu$ と置いて，$\kappa=\mu+\nu$, $\lambda=-\mu+\nu$ と定めれば，

$$a+bi-1=(2+2i)(\kappa+\lambda i)$$

となります．また，$a-1$ と b がどちらもある奇数の 2 倍のときは，$a-1=2\times(2\mu+1)$, $b=2\times(2\nu+1)$ と置いて，$\kappa=\mu+\nu+1$, $\lambda=-\mu+\nu$ と定めれば，

$$a+bi-1=(2+2i)(\kappa+\lambda i)$$

となります．いずれにしても複素整数域において合同式

$$a+bi\equiv 1\ (\mathrm{mod}.\,2+2i)$$

が成立します．逆に，この合同式が成立する場合，$(a+bi)-1$ は $2+2i$ で割り切れますから，商を $\kappa+\lambda i$ と表記すると，等式 $a+bi-1=(2+2i)(\kappa+\lambda i)$ が成立します．これより

$$a-1=2(\kappa-\lambda),\ b=2(\kappa+\lambda)$$

となりますが，κ,λ の偶奇にかかわらず $\kappa-\lambda$ と $\kappa+\lambda$ は同時に偶数になるか，あるいは同時に奇数になります．それゆえ，$a-1$ と b はともに偶数の 2 倍になるか，あるいはともに奇数の 2 倍になるかのいずれかです.

　このような状況を踏まえ，ガウスは合同式 $a+bi\equiv 1\ (\mathrm{mod}.\,2+2i)$ が満たされる奇数 $m=a+bi$ を指してプライマリーと呼びました．たとえば，

$$-1+2i, -1-2i, +3+2i, +3-2i, +1+4i, +1-4i, \cdots$$

などはプライマリーな奇数です．奇数ではない複素整数については，ガウスは奇数ではない 4 個の随伴数のひとつをプライマリーとみなして特定することに意義を認めず，プライマリーという概念を語りませんでした.

　複素整数域では，どのような奇数 m も 4 個の単数

$+1,-1,+i,-i$ のいずれかを乗じればプライマリーになります. そこで m はプライマリーとして, これを前のように $m=(2\alpha+1)+2\beta i$ と表示すると, 2α と 2β は同時に偶数の2倍になるか, あるいは同時に奇数の2倍になるかのいずれかです. 前者の場合, $2\alpha=4\mu$, $2\beta=4\nu$ と置くと, $\alpha=2\mu$, $\beta=2\nu$ となり, 後者の場合には, $2\alpha=2\times(2\mu+1)=4\mu+2$, $2\beta=2\times(2\nu+1)=4\nu+2$ と置くと $\alpha=2\mu+1$, $\beta=2\nu+1$ となります. それゆえ, $\alpha+\beta=2(\mu+\nu)$ もしくは $\alpha+\beta=2(\mu+\nu+1)$ となり, いずれにしても $\alpha+\beta$ は偶数です. これで $i^{\nu}=(-1)^{\alpha+\beta}=+1$ となることがわかりました.

この結果により, レムニスケート関数の虚倍角の公式は

$$(5) \qquad \varphi(mt)=\varphi(t)\cdot\frac{m+A_1\varphi(t)^4+\cdots+\varphi(t)^{p-1}}{1+A_{\frac{1}{4}(p-5)}\varphi(t)^4+\cdots+m\varphi(t)^{p-1}}$$

と書き表されます. ここで, $A_0=m$ を用いました. $x=\varphi(t)$ と $y=\varphi(mt)$ の関係に立ち返ると,

$$y=\frac{mx+A_1x^5+\cdots+x^p}{1+A_{\frac{1}{4}(p-5)}x^4+\cdots+mx^{p-1}}$$

となりますが, 前にそうしたようにこれを $\dfrac{U}{V}$ と表記します. U と V はそれぞれ右辺の分数式の分子と分母で,

$$U=mx+A_1x^5+A_2x^9+\cdots+x^p$$
$$=A_0x+A_1x^5+A_2x^9+\cdots+x^p$$
$$V=1+A_{\frac{1}{4}(p-5)}x^4+A_{\frac{1}{4}(p-9)}x^8+\cdots+mx^{p-1}$$
$$=1+B_1x^4+B_2x^8+\cdots+B_{\frac{1}{4}(p-1)}x^{p-1}$$

という, 複素整数域に係数をもつ x の多項式です.

代数的積分 $y=\dfrac{U}{V}$ を

$$U-yV=0$$

と表記して, これを x に関する代数方程式と見ればレムニスケ

ート曲線の一般等分方程式が認識されます．特に，$y = \varphi(mt)$ において $t = \dfrac{\omega}{m}$ と置くと $y = \varphi(\omega) = 0$ となり，一般代数方程式は

$$U = 0$$

という形になります．この方程式には周期等分方程式という呼称がぴったりあてはまり，その代数的解法の探究はアーベルの論文「楕円関数研究」の主題のひとつです．アーベルは諸根を連繫する相互関係に着目し，アーベル方程式であることを示したのですが，アイゼンシュタインが目をとめたのは U と V の係数の特徴でした．

■■ 複素整数域における素数

U の最後の係数と V の最初の係数はどちらも 1 です．これらを除くと，他の係数はみな m で割り切れるというのがアイゼンシュタインの主張です．もう少しい正確に状況を描いていくと，まず m は 2 項複素素数（eine zweigliedrige complexe Primzahl）であることがあらためて明記されています．2 項複素数というのは実部と虚部がどちらも 0 ではない複素数のことで，ガウスは混合虚数と呼んでいます．また，複素整数域においても，有理整数域での素数と同様に素数の概念が定まります．ガウスによる概念規定を復元すると，単数，すなわち 4 個の数 $1, +i, -1, -i$ とは異なる 2 個の因子に分解される複素整数は複素合成数で，そのような分解を受け入れない数が複素素数です．有理整数域における合成数は複素整数域に配置しても依然として合成数のままですが，有理素数は複素整数域において観察すると必ずしも素数ではなく，合成数になる可能性があります．たとえば，有理素数 2 は $2 = (1+i)(1-i)$ と分解されますから，複素整数としてはもう素数ではありません．

　2以外の有理素数はみな奇数です．それらを大きく $4n+1$ 型
と $4n+3$ 型に二分すると，$4n+1$ 型の正の有理素数 p は複素素
数ではありません．なぜなら，フェルマが発見した直角三角形
の基本定理により，p は2個の平方数の和として $p=a^2+b^2$ と表
されますが，ここからなお一歩を進めると，

$$p=(a+bi)(a-bi)$$

というふうに，単数ではない2個の複素整数 $a+bi$, $a-bi$ に分
解されるからです．いくつかの例を挙げると，

$$5=(1+2i)(1-2i),\ 13=(3+2i)(3-2i),$$
$$17=(1+4i)(1-4i)$$

となり，有理素数5，13，17は複素整数域では素数ではないこ
とがわかります．数論に複素数が導入されたことに伴い，直角
三角形の基本定理がこのような衣裳をまとって立ち現れました．
ガウスの1832年の論文「4次剰余の理論　第2論文」に詳述さ
れていますが，それに先立ってアーベルの1828年の論文「楕円
関数研究」においてすでにこの因数分解が語られていることは忘
れられません．

　$4n+3$ という形の正の有理素数は複素整数域においてもなお
素数であり続けます．これを確かめるために，$4n+3$ 型の有理素
数 q が単数ではない二つの複素整数の積として

$$q=(a+bi)(\alpha+\beta i)$$

と書き表されたとしてみます．両辺の複素共役をつくると
$q=(a-bi)(\alpha-\beta i)$．そこで積をつくると，$q^2=(a^2+b^2)(\alpha^2+\beta^2)$
となりますが，有理整数域では素因数分解の一意性が成り立っ
ていますから，$q=a^2+b^2=\alpha^2+\beta^2$ であるほかはありません．
ところが二つの平方数の和が $4n+3$ 型になることはないのです
から，ここにおいて矛盾に逢着しました．

　これで複素整数域における素数の姿が明らかになりました．
すべての複素素数は次に挙げる4種類に区分けされます．

1）4 個の複素単数 $1. + i, -1, -i$

2）$1+i$ およびその 3 個の随伴数 $-1+i, -1-i, 1-i$

3）$4n+3$ 型の正の有理素数およびその 3 個の随伴数

4）ノルムが 1 よりも大きい $4n+1$ 型の有理素数になる複素整数

　このような状況を踏まえて，アイゼンシュタインは 2 項複素素数 m を取り上げました.

■■ *U, V* の係数は *m* で割り切れる

　2 項複素奇素数 m に対し，そのノルム p は $4n+1$ 型で，合同式
$$p \equiv 1 \pmod{4}$$
が成立します. このとき，アイゼンシュタインは次の命題を語りました.

　《多項式 U の係数は最後の係数を除いてすべて m で割り切れ，多項式 V の係数は最初の係数を除いてすべて m で割り切れる.》

　以下しばらくこの定理の証明が続きます. まず微分方程式
$$\frac{\partial y}{\sqrt{1-y^4}} = m \frac{\partial x}{\sqrt{1-x^4}}$$
に $y = \dfrac{U}{V}$ を代入します. 微分の計算により
$$\frac{\partial y}{\partial x} = \frac{1}{V}\frac{\partial U}{\partial x} - \frac{U}{V^2}\frac{\partial V}{\partial x}$$
$$= \frac{1}{V^2}\left(V\frac{\partial U}{\partial x} - U\frac{\partial V}{\partial x}\right)$$
となりますから，等式
$$\frac{1}{V^2}\left(V\frac{\partial U}{\partial x} - U\frac{\partial V}{\partial x}\right) = \frac{m}{\sqrt{1-x^4}}\sqrt{1-\frac{U^4}{V^4}}$$
が成立し，これより

$$V\frac{\partial U}{\partial x}-U\frac{\partial V}{\partial x}=m\cdot\frac{\sqrt{V^4-U^4}}{\sqrt{1-x^4}}$$

という等式が得られます.

　この等式を観察すると,左辺は x^4 の多項式ですから,右辺に見られる表示式 $\dfrac{\sqrt{V^4-U^4}}{\sqrt{1-x^4}}$ もまた x^4 の多項式であることがわかります.そこでこれを T と表記します.T の係数が複素整数であるか否かは,この時点ではまだわかりません.また,V^4-U^4 は複素整数を係数にもつ x^4 の多項式で,その定数項は1です.しかも $x^4=1$ を代入すると等式 $V^4=U^4$ が成立しますから,V^4-U^4 は $1-x^4$ で割り切れることがわかります.そうしてこれは U,V の形を見て実際に計算すると確められることですが,$\dfrac{V^4-U^4}{1-x^4}=T^2$ は複素整数を係数にもつ x^4 の多項式で,その定数項は1になります.

　T の係数は複素整数とは限りませんが,二つの複素整数の商の形の数で,いわば複素分数です.そこでそれらの係数の分母の公倍数をくくり出すと,係数はみな複素整数になります.そののちに,今度はそれらの整数の最大公約数をくくり出すと,T は $T=\alpha T_0$ という形に表されます.ここで,α は複素分数です.T_0 は x^4 の多項式で,諸係数は単数以外の公約数をもっていません.このような多項式は原始多項式と呼ばれることがあります.一般的に考えると二つの原始多項式の積はやはり原始多項式になりますから,T_0^2 は原始多項式です.これを直接確かめてみます.$t=x^4$ として

$$T_0=a_0+a_1t+a_2t^2+\cdots+a_nt^n$$

と表記します.p は任意の複素素数とすると,T_0 は原始多項式ですから p で割り切れない係数が少なくともひとつ必ず存在します.そこでそのような係数をもつ諸項のうち,x の冪指数が一番ちいさいものを a_ht^h とすると,T_0^2 における t^{2h} の係数は

$$a_h^2 + 2a_{h-1}a_1 + 2a_{h-2}a_2 + 2a_{h-3}a_3 + \cdots$$

という形になります. a_h^2 は p で割り切れませんが, 引き続く諸項はみな p で割り切れますから, この係数は p で割り切れません. それゆえ, T_0^2 の係数の中に p で割り切れないものが存在することになりますが, p は任意の複素素数であることに留意すると, これは T_0^2 が原始多項式であることを示しています.

以上の状況を踏まえて等式 $T^2 = \alpha^2 T_0^2$ を観察し, 左辺の多項式 T^2 の諸係数はみな複素整数であり, しかも定数項は 1 であることに留意すると, $1 = \alpha^2$ であることがわかります. したがって α は単数であり, T の諸係数はみな複素整数です.

等式

$$V\frac{\partial U}{\partial x} - U\frac{\partial V}{\partial x} = mT$$

に立ち返ると, T の係数がみな複素整数であることが明らかになりましたので, この等式から合同式

$$V\frac{\partial U}{\partial x} - U\frac{\partial V}{\partial x} \equiv 0 \ (\mathrm{mod}.\, m)$$

が導かれます. この合同式の意味を明示するために左辺の多項式を具体的に表示してみます. 微分計算により

$$\frac{\partial U}{\partial x} = A_0 + 5A_1 x^4 + 9A_2 x^8 + 13A_3 x^{12} + \cdots$$

$$\frac{\partial V}{\partial x} = 4B_1 x^3 + 8B_2 x^7 + 12B_3 x^{11} + \cdots$$

となりますから,

$$V\frac{\partial U}{\partial x} - U\frac{\partial V}{\partial x} = A_0 + (-3A_0 B_1 + 5A_1)x^4$$

$$+ (-7A_0 B_2 + A_1 B_1 + 9A_2)x^8$$

$$+ (-11A_0 B_3 - 3A_1 B_2 + 5A_2 B_1 + 13A_3)x^{12} + \cdots$$

と表示され, x^4 の多項式が現れます. その係数がみな m で割り切れるというのが上記の合同式の意味するところですが, そのことから $A_0, A_1, A_2, \cdots, A_{\frac{1}{4}(p-5)}$ はどれも m で割り切れることが

明らかになります.

その様子を順に観察すると,まず $A_0 = m$ ですから A_0 については明白です.m のノルムが5に等しい場合には確認の手順はこれで終りです.m のノルムが5より大きい場合には少なくとも17であることになります.A_0 に続いて,x^4 の係数 $-3A_0B_1 + 5A_1$ も m で割り切れますから $5A_1$ は m で割り切れます.ところが m のノルムより小さい数5が m で割り切れることはありませんから,A_1 が m で割り切れるほかはありません.次に,x^8 の係数 $-7A_0B_2 + A_1B_1 + 9A_2$ は m で割り切れますから $9A_2$ が m で割り切れることになりますが,9は m で割り切れませんから A_2 のほうが m で割り切れます.こんなふうに続けていくと,$A_{\frac{1}{4}(p-5)}$ が m で割り切れるという地点に到達します.アイゼンシュタインが提示した命題はこれで確認されました.

この論証が有効なのは m が2項複素素数の場合のことで,単項素数(eine eingliedrige Primzahl)の場合には適用されません.なぜなら,m が $4n+3$ 型の有理素数の場合には等式 $5+4k = ml$ を満たす k, l が必ず存在し,そのために数

$$5, 9, 13, \cdots, p-4$$

のうちのいくつかは必ず m で割り切れるからです.

これでレムニスケート関数の虚倍角の公式は次のような形になることが明らかになりました.

《任意のプライマリーな2項複素素数 m に対し,$\varphi(mt)$ は

$$(6) \qquad \varphi(mt) = \varphi(t) \cdot \frac{m\mathfrak{F} + \varphi(t)^{p-1}}{1 + m\mathfrak{G}}$$

という形に表示される.ここで,$\mathfrak{F}$ と $\mathfrak{G}$ は $\varphi(t)^4$ の複素整係数をもつ多項式である.》

この等式はアイゼンシュタインによる4次剰余相互法則の証明の根底をつくっています.

———— 第4章 ————

レムニスケート関数の虚倍角の公式から4次剰余相互法則へ

計算例1

　ここまでのところで次の事実が明らかになりました.

《任意のプライマリーな2項複素素数 m に対し, $\varphi(mt)$ は

(6) $$\varphi(mt) = \varphi(t) \cdot \frac{m\mathfrak{F} + \varphi(t)^{p-1}}{1 + m\mathfrak{G}}$$

という形に表示される. ここで, $\mathfrak{F}$ と $\mathfrak{G}$ は $\varphi(t)^4$ の複素整係数をもつ多項式である.》

アイゼンシュタインの論文の表記に沿って式番号 (6) を割振りました. $y = \varphi(mt)$, $x = \varphi(t)$ と置くと,

$$y = x \cdot \frac{m\mathfrak{F} + x^{p-1}}{1 + m\mathfrak{G}} = \frac{mx\mathfrak{F} + x^p}{1 + m\mathfrak{G}}$$

と表記されます. ここで, p は m のノルムです. $\mathfrak{F}$ と $\mathfrak{G}$ は x^4 の多項式で, 係数はみな複素整数です. 一般的な考察としてはこれで十分ですが, アイゼンシュタインはいくつかの事例を挙げて計算を遂行しています.

　第1の例として $m = -1 + 2i$ が取り上げられました. この場合, $\mathfrak{F}$ の定数項と $\mathfrak{G}$ における x の最高の冪指数をもつ項の係数は1であることに留意すると,

$$y = \frac{mx + x^5}{1 + mx^4}$$

となることがわかります．アーベルは論文「楕円関数研究」におい
いてレムニスケート関数の虚数倍角の公式を語り，一例として

$$\varphi(2+i)\delta = xi\frac{1-2i-x^4}{1-(1-2i)x^4}$$

という等式を書きました（アーベルの表記のまま再現しました）．
$2+i$ はプライマリーではありませんから，アイゼンシュタイン
が展開した一般的考察を適用することはできませんが，2倍角の
公式（次節参照）と加法定理を組合わせることにより確認されま
す．アイゼンシュタインは $2+i$ の随伴数の中からプライマリー
であるもの，すなわち $-1+2i$ を選択しています．

計算例 2

　第1の例に続いて，アイゼンシュタインは $m = 3+2i$ を取
り上げました．m はプライマリーな奇素数で，そのノルムは
$p = 13$ です．この場合，加法定理およびレムニスケート関数が
虚数乗法をもつことを示す等式 $\varphi(it) = i\varphi(t)$ により，

$$y = \varphi((3+2i)t)$$

$$= \frac{\varphi(3t)\sqrt{1-\varphi(2it)^4} + \varphi(2it)\sqrt{1-\varphi(3t)^4}}{1+\varphi(3t)^2\,\varphi(2it)^2}$$

$$= \frac{\varphi(3t)\sqrt{1-\varphi(2t)^4} + i\varphi(2t)\sqrt{1-\varphi(3t)^4}}{1-\varphi(3t)^2\,\varphi(2t)^2}$$

となります．ここからさらに計算を進めるには，レムニスケー
ト関数に対する2倍角の公式と3倍角の公式を用います．

■■ レムニスケート関数の倍角の公式

　2倍角の公式は加法定理から導かれます．実際，

$$\varphi(2t) = \varphi(t+t) = \frac{2\varphi(t)\sqrt{1-\varphi(t)^4}}{1+\varphi(t)^4} = \frac{2x\sqrt{1-x^4}}{1+x^4}$$

となります．この2倍角の公式と加法定理を組合わせると，3倍角の公式が次のように得られます．

$$\varphi(3t) = \varphi(t+2t)$$

$$= \frac{\varphi(t)\sqrt{1-\varphi(2t)^4} + \varphi(2t)\sqrt{1-\varphi(t)^4}}{1+\varphi(t)^2\varphi(2t)^2}$$

$$= \frac{x\sqrt{1-\dfrac{16x^4(1-x^4)^2}{(1+x^4)^4}} + \dfrac{2x\sqrt{1-x^4}}{1+x^4}\times\sqrt{1-x^4}}{1+x^2\times\dfrac{4x^2(1-x^4)}{(1+x^4)^2}}$$

$$= x\times\frac{\sqrt{(1+x^4)^4-16x^4(1-x^4)^2}+2(1-x^4)(1+x^4)}{(1+x^4)^2+4x^4(1-x^4)}$$

$$= x\times\frac{\sqrt{1-12x^4+38x^8-12x^{12}+x^{16}}+2-2x^8}{1+6x^4-3x^8}.$$

ここで，数式をいくぶん見やすくするために $u=x^4$ と表記すると，平方根内の多項式は

$$1-12x^4+38x^8-12x^{12}+x^{16}$$

$$= 1-12u+38u^2-12u^3+u^4$$

$$= (1-6u+u^2)^2 = (1-6x^4+x^8)^2$$

と因数分解されますから，

$$\varphi(3t) = x\times\frac{(1-6x^4+x^8)+2-2x^8}{1+6x^4-3x^8}$$

$$= x\times\frac{3-6x^4-x^8}{1+6x^4-3x^8}$$

と計算が進みます．これがレムニスケート関数の3倍角の公式です．

計算例2 の続き

アイゼンシュタインが挙げた第2例の計算を続けます．

$$y = \frac{x \times \frac{3-6x^4-x^8}{1+6x^4-3x^8}\sqrt{1-\frac{16x^4(1-x^4)^2}{(1+x^4)^4}} + i \times \frac{2x\sqrt{1-x^4}}{1+x^8}\sqrt{1-x^4\frac{(3-6x^4-x^8)^4}{(1+6x^4-3x^8)^4}}}{1-x^2 \times \frac{(3-6x^4-x^8)^2}{(1+6x^4-3x^8)^2} \times \frac{4x^2(1-x^4)}{(1+x^4)^2}}$$

$$= x \times \frac{A}{B}$$

ここで,

$$A = 2i(1+x^4)\sqrt{1-x^4}\sqrt{(1+6x^4-3x^8)^4 - x^4(3-6x^4-x^8)^4}$$
$$+ (3-6x^4-x^8)(1+6x^4-3x^8)\sqrt{(1+x^4)^4 - 16x^4(1-x^4)^2}$$
$$B = (1+6x^4-3x^8)^2(1+x^4)^2 - 4x^4(3-6x^4-x^8)^2(1-x^4)$$

と置きました. $u = x^4$ とすると,

$$A = 2i(1+u)\sqrt{1-u}\sqrt{(1+6u-3u^2)^4 - u(3-6u-u^2)^4}$$
$$+ (3-6u-u^2)(1+6u-3u^2)\sqrt{(1+u)^4 - 16u(1-u)^2}$$
$$B = (1+6u-3u^2)^2(1+u)^2 - 4u(3-6u-u^2)^2(1-u)$$

となります. A において,

$$(1+6u-3u^2)^4 - u(3-6u-u^2)^4$$
$$= (1-u)(u^4-28u^3+6u^2-28u+1)^2$$
$$(1+u^4) - 16u(1-u)^2$$
$$= u^4-12u^3+38u^2-12u+1$$
$$= (u^2-6u+1)^2.$$

それゆえ, A は

$$A = 2i(1-u^2)(u^4-28u^3+6u^2-28u+1)$$
$$+ (3-6u-u^2)(1+6u-3u^2)(u^2-6u+1)$$
$$= -2i(u^6-28u^5+5u^4-5u^2+28u-1)$$
$$+ (3u^6-6u^5-115u^4+300u^3-115u^2-6u+3)$$
$$= 3+2i+(-6-56i)u+(-115+10i)u^2+300u^3$$
$$+ (-115-10i)u^4+(-6+56i)u^5+(3-2i)u^6$$

という形になりますが, さらに複素整数域に係数をもつ多項式の場において

$$A = \{3+2i+(7-4i)u+(-11+10i)u^2+u^3\}$$
$$\times \{1+(-11-10i)u+(7+4i)u^2+(3-2i)u^3\}$$

と因数分解が進行します．これで分子 A の形が定まりました．

分母 B について計算を進めると，

$$B = 1-22u+235u^2-228u^3+39u^4+26u^5+13u^6$$
$$= \{1+(-11+10i)u+(7-4i)u^2+(3+2i)u^3\}$$
$$\times\{1+(-11-10i)u+(7+4i)u+(3-2i)u^3\}$$

となります．A と B は因子 $1+(-11-10i)u+(7+4i)u+(3-2i)u^3$ を共有しています．これで，

$$y = x \times \frac{3+2i+(7-4i)u+(-11+10i)u^2+u^3}{1+(-11+10i)u+(7-4i)u^2+(3+2i)u^3}$$
$$= \frac{(3+2i)x+(7-4i)x^5+(-11+10i)x^9+x^{13}}{1+(-11+10i)x^4+(7-4i)x^8+(3+2i)x^{12}}$$

という形の式に到達しました．

この式の分母と分子の係数を観察すると，分子の x^{13} の係数 1 と分母の定数項 1 を除いてみな $m=3+2i$ で割り切れて，

$$3+2i = m,$$
$$7-4i = (3+2i)(1-2i) = m(1-2i),$$
$$-11+10i = (3+2i)(-1+4i) = m(-1+4i)$$

となりますから，

$$\mathfrak{F} = 1+(1-2i)x^4+(-1+4i)x^8$$
$$\mathfrak{G} = (-1+4i)x^4+(1-2i)x^8+x^{12}$$

と置くと，目標としていた等式

$$y = x \cdot \frac{m\mathfrak{F}+x^{p-1}}{1+m\mathfrak{G}} = \frac{mx\mathfrak{F}+x^p}{1+m\mathfrak{G}}$$

に到達します．

計算例 3

第 3 の計算例で取り上げられたのはプライマリーな奇素数 $m=1+4i$ です．ノルムは $p=17$ です．4 倍角の公式を作り，加法定理と組合わせることにより $y=\varphi(mt)$ を $x=\varphi(t)$ の有理式の形に表示することができますが，非常に煩雑な計算を強い

られます．アイゼンシュタインは有理式に現れる係数のみを書き留めました．それらを用いて有理式を再現すると，

$$y = \frac{(1+4i)x + (-20-12i)x^5 + (-10+28i)x^9 + (12-20i)x^{13} + x^{17}}{1 + (12-20i)x^4 + (-10+28i)x^8 + (-20-12i)x^{12} + (1+4i)x^{16}}$$

となります．1 以外の係数は

$$1+4i = m,\ -20-12i = (1+4i)(-4+4i) = m(-4+4i),$$
$$-10+28i = (1+4i)(6+4i) = m(6+4i),$$
$$12-20i = (1+4i)(-4-4i) = m(-4-4i)$$

となって，みな m で割り切れることがわかります．そこで

$$\mathfrak{F} = 1 + (-4+4i)x^4 + (6+4i)x^8 + (-4-4i)x^{12}$$
$$\mathfrak{G} = (-4-4i)x^4 + (6+4i)x^8 + (-4+4i)x^{12} + x^{16}$$

と置くと，$y = x \cdot \dfrac{m\mathfrak{F} + x^{p-1}}{1 + m\mathfrak{G}} = \dfrac{mx\mathfrak{F} + x^p}{1 + m\mathfrak{G}}$ という形に表示されます．

計算例 4

　m が素数でなければ，一般に上記の命題は有効性を失います．そのようなことが起る場合として，アイゼンシュタインは $m=5$ を取り上げました．有理整数 5 は複素整数域では $5 = (2+i)(2-i)$ と分解されますから素数ではありません．5 倍角の公式により，$y = \varphi(5t)$ は次のように $x = \varphi(t)$ の有理式の形に表されます．

$$y = x \times \frac{5 - 2x^4 + x^8}{1 - 2x^4 + 5x^8} \cdot \frac{1 - 12x^4 - 26x^8 + 52x^{12} + x^{16}}{1 + 52x^4 - 26x^8 - 12x^{12} + x^{16}}$$
$$= \frac{5x - 62x^5 - 105x^9 + 300x^{13} - 125x^{17} + 50x^{21} + x^{25}}{1 + 50x^4 - 125x^8 + 300x^{12}}$$

この公式は，計算例 2 に見られる計算と同様にして，2 倍角の公式と 3 倍角の公式を加法定理と組合わせて用いて導かれます．この有理式の分母と分子に現れる係数を見ると，

$$5,\ -62,\ -105,\ 300,\ -125,\ 50,\ 1$$

という 7 個の数が並びます. 1 以外の 6 個の数 $5, -62, -105, 300,$ $-125, 50$ のうち, -62 は $m = 5$ で割り切れませんから, 上記の命題は成立していないことがわかります.

■■ プライマリーな奇素数の完全剰余系

複素整数 m が与えられたとき, m に関して不合同な複素整数を異なるクラスに算入することにすると, 複素整数の全体がいくつかのクラスに区分けされます. それらのクラスの個数は有限個で, しかもその個数は m のノルム p にほかなりません. 複素整数のノルムというものを考えることの意味が, ここに現れています. 各々のクラスから 1 個の数を取り出して全部で p 個の数を集めると, それらは法 m に関する不合同剰余の完全系をつくります. どのような複素整数も法 m に関して, この系に所属するどれかひとつ, しかもただひとつの数と合同になります. ガウスの論文「4 次剰余の理論 第 2 論文」では, このような状況を指して完全系ということが語られています.

ガウスの叙述を踏まえ, アイゼンシュタインはプライマリーな奇素数 m を取り上げました. m に関する完全剰余系を作り, そこから m で割り切れる数を取り除き, 残りの数を 4 個のグループに区分けしました. 次に挙げる表 (7) はその区分けの模様を示しています.

$$(7) \quad \left\{ \begin{array}{c|c|c|c} r_1 & ir_1 & -r_1 & -ir_1 \\ r_2 & ir_2 & -r_2 & -ir_2 \\ r_3 & ir_3 & -r_3 & -ir_3 \\ \vdots & \vdots & \vdots & \vdots \\ r_{\frac{1}{4}(p-1)} & ir_{\frac{1}{4}(p-1)} & -r_{\frac{1}{4}(p-1)} & -ir_{\frac{1}{4}(p-1)} \end{array} \right.$$

m で割り切れない複素整数 r_1 をとると, 4 個の随伴数 $r_1, ir_1, -r_1,$ $-ir_1$ はどの二つも法 m に関して互いに不合同です. なぜなら,

これらの 4 個の数から二つの数をとって差をつくると $2r_1, (1+i)r_1,$ $(1-i)r_1, 2ir_1$ という形の数が現れますが，どれも m で割り切れることはないからです．これらの 4 個の数だけで完全剰余系が汲み尽くされてしまうことはありえませんから，これらのどれとも合同ではない数 r_2 を取り上げます．すると，4 個の随伴数 $r_2, ir_2, -r_2, -ir_2$ は法 m に関してどの二つも合同ではなく，しかもどの数も先ほどの 4 個の随伴数 $r_1, ir_1, -r_1, -ir_1$ のどれとも合同ではありません．これで法 m に関して不合同な 8 個の数が得られました．これ以降も同様にして手順を進めていくと，最後に表 (7) に示されているような法 m に関する完全剰余系が定まります．

　表 (7) を観察すると，完全剰余系を構成する $p-1$ 個の数が 4 個の列と $\frac{1}{4}(p-1)$ 個の行をつくって配置されています．$\frac{1}{4}(p-1)$ 個の数のつくる 4 個の列が並んでいる状況を指して，アイゼンシュタインは《4 個の随伴部分への剰余系の区分け》と呼び，各々の列を《4 分の 1 剰余系》と呼びました．

■▮ 虚数等分方程式

　複素整数の完全剰余系への言及に続いて，アイゼンシュタインはレムニスケート関数の虚数等分方程式，すなわち方程式

$$\frac{U}{x} = 0$$

の考察に移ります．$\frac{U}{x}$ は x の $p-1$ 次の多項式であり，x^4 に関する多項式と見ると $\frac{1}{4}(p-1)$ 次の多項式です．x の多項式と見るとき，$\frac{U}{x} = 0$ の根というのは $\varphi(mt) = 0$ を満たす t に対応す

る関数値 $x = \varphi(t)$ にほかなりません．ところが，一般にレムニスケート関数 $\varphi(t)$ の零点，言い換えると $\varphi(t) = 0$ となる t の値は，k は任意の複素整数として $t = k\omega$ という形に表されるのでした．それゆえ，$\varphi(mt) = 0$ を満たす t の値は，$mt = k\omega$ と置いて，$t = \dfrac{k\omega}{m}$ により与えられ，これに対応して x の値 $x = \varphi\left(\dfrac{k\omega}{m}\right)$ が定まります．

そこで任意の複素整数 k の表示を考えていくと，法 m に関する完全剰余系を示す表 (7) を参照すると，k は法 m に関してこの表に所属するどれかひとつの数と合同になります．その数が ir_k なら，合同式 $k \equiv ir_k \pmod{m}$ より，λ はある複素整数として，$k = ir_k + \lambda m$ と表示されます．レムニスケート関数の周期性を表す等式と虚数乗法をもつことを示す等式により，方程式 $\dfrac{U}{x} = 0$ の根の表示

$$x = \varphi(t) = \varphi\left(\frac{(ir_k + \lambda m)\omega}{m}\right)$$
$$= \varphi\left(\frac{ir_k\omega}{m} + \lambda\omega\right) = \varphi\left(\frac{ir_k\omega}{m}\right) = i\varphi\left(\frac{r_k\omega}{m}\right)$$

が得られます．同様に，k が法 m に関して $-r_k$ と合同なら，レムニスケート関数が奇関数であることを示す等式を考慮して，

$$x = -\varphi\left(\frac{r_k\omega}{m}\right)$$

と表示されます．また，x が法 m に関して $-ir_k$ と合同であるなら，

$$x = -i\varphi\left(\frac{r_k\omega}{m}\right)$$

という表示が得られます．これで方程式 $\dfrac{U}{x} = 0$ の根のすべてがレムニスケート関数を用いて表示されました．表 (7) に記載された $p-1$ 個の数のうち，$\dfrac{1}{4}(p-1)$ 個の数 $r_1, r_2, r_3, \cdots, r_{\frac{1}{4}(p-1)}$ を

一般に r と表記することにすると，方程式 $\dfrac{U}{x}=0$ の $p-1$ 個の根は

$$\pm\varphi\left(\frac{r\omega}{m}\right),\ \pm i\varphi\left(\frac{r\omega}{m}\right)$$

により与えられます.

　　$x^4=z$ と置くと，方程式 $\dfrac{U}{x}=0$ は

$$(8)\qquad z^{\frac{1}{4}(p-1)}+A_{\frac{1}{4}(p-5)}z^{\frac{1}{4}(p-1)-1}+\cdots+A_1z+m=0$$

という形になります. 方程式 $\dfrac{U}{x}=0$ の根が $x=\varphi(t)$ であれば，方程式 (8) の根は $z=\varphi(t)^4$ と表示されます. 方程式 $\dfrac{U}{x}=0$ の根のうち，4個の根 $\pm\varphi\left(\dfrac{r\omega}{m}\right),\ \pm i\varphi\left(\dfrac{r\omega}{m}\right)$ は4乗すると同一の値 $\varphi\left(\dfrac{r\omega}{m}\right)^4$ になることに留意すると，方程式 (8) の $\dfrac{1}{4}(p-1)$ 個の根は

$$\varphi\left(\frac{r_1\omega}{m}\right)^4,\ \varphi\left(\frac{r_2\omega}{m}\right)^4,\ \cdots,\ \varphi\left(\frac{r_{\frac{1}{4}(p-1)}\omega}{m}\right)^4$$

という形に表されることがわかります.

　方程式 (8) の根と係数の関係により，すべての根の積は，この方程式の次数の偶奇に応じて，定数項 m もしくは負符号をつけた定数項 $-m$ と等値されます. したがって，等式

$$(9)\qquad \prod\varphi\left(\frac{r\omega}{m}\right)^4=(-1)^{\frac{1}{4}(p-1)}\cdot m$$

が成立します. 4乗根をつくると，

$$(9')\qquad \sqrt[4]{(-1)^{\frac{1}{4}(p-1)}\cdot m}=\prod\varphi\left(\frac{r\omega}{m}\right)$$

という形になります.

■■ **4 次剰余相互法則へ**

これまでのところで観察を重ねてきた事柄を基礎にして，アイゼンシュタインは 4 次剰余相互法則へと向います．あらためて m はプライマリーな奇数とします．ただし，単項複素数でも 2 項複素数でもどちらでもよく，この点は無限定です．n は m と異なる複素整数で，これは 2 項複素数とします．m と n のノルムをそれぞれ p, q で表します．すべての r に n を乗じて積 nr をつくると，法 m に関して，あるものは一般に r で表される数 $r_1, r_2, \cdots, r_{\frac{1}{4}(p-1)}$ のいずれかと合同になり，あるものは ir で表される数，あるものは $-r$ で表される数，またあるものは $-ir$ で表される数と合同になります．これを言い換えると，積 nr の法 m に関する剰余が表（7）に掲示されている数の間に配置されるということですが，異なる積から同一の剰余が生成されることはありません．実際，もし $nr_\sigma \equiv \pm nr_\tau \,(\mathrm{mod}.\,m)$ となるとすれば $r_\sigma \equiv \pm r_\tau \,(\mathrm{mod}.\,m)$ となることになりますが，これはありえません．また，もし $nr_\sigma \equiv \pm inr_\tau \,(\mathrm{mod}.\,m)$ となるとすれば $r_\sigma \equiv \pm ir_\tau \,(\mathrm{mod}.\,m)$ となりますが，これもありえません．アイゼンシュタインはこの状況を一般に

$$nr \equiv i^\mu r' \,(\mathrm{mod}.\,m)$$

と表記しました．μ は 4 個の数 0，1，2，3 のいずれかを表しています．

レムニスケート関数の周期性と，虚数乗法をもつという性質により，等式

$$\varphi\left(\frac{nr\omega}{m}\right) = \varphi\left(\frac{i^\mu r'\omega}{m}\right) = i^\mu \varphi\left(\frac{r'\omega}{m}\right)$$

が成立します．これより

$$i^\mu = \frac{\varphi\left(\dfrac{nr\omega}{m}\right)}{\varphi\left(\dfrac{r'\omega}{m}\right)}$$

という表示が得られますから，これを上記の合同式に代入すると，

$$nr \equiv r' \cdot \frac{\varphi\left(\dfrac{nr\omega}{m}\right)}{\varphi\left(\dfrac{r'\omega}{m}\right)} \ (\mathrm{mod}.\, m)$$

という形になります．左辺の r に $\frac{1}{4}(p-1)$ 個の数値 $r_1, r_2, r_3,$ $\cdots, r_{\frac{1}{4}(p-1)}$ を割り当てるとき，対応して定まる右辺の r' のところにもまた，順序は異なるかもしれませんが，全体として同じ数値が現れます．そこであらゆる r に対してこの合同式をつくり，そのうえでそれらを乗じると，合同式

$$n^{\frac{1}{4}(p-1)}\prod(r) \equiv \prod(r)\frac{\prod\varphi\left(\dfrac{nr\omega}{m}\right)}{\prod\varphi\left(\dfrac{r\omega}{m}\right)} \ (\mathrm{mod}.m)$$

が生じます．どの r も m で割り切れませんから，積 $\prod(r)$ もまた m で割り切れることはありません．そこで両辺を共通の因子 $\prod(r)$ で割ると，合同式

$$(10) \qquad n^{\frac{1}{4}(p-1)} \equiv \frac{\prod\varphi\left(\dfrac{nr\omega}{m}\right)}{\prod\varphi\left(\dfrac{r\omega}{m}\right)} \ (\mathrm{mod}.m)$$

が得られます．この合同式が 4 次剰余相互法則の泉です．

第 5 章

一般理論の展望

■■■ 4 次指標

　4 次剰余相互法則の証明を求めてアイゼンシュタインととも
に歩を進めているところですが，前章までのところで合同式

$$(10) \qquad n^{\frac{1}{4}(p-1)} \equiv \frac{\Pi\varphi\left(\dfrac{nr\omega}{m}\right)}{\Pi\varphi\left(\dfrac{r\omega}{m}\right)} \ (\mathrm{mod}.\, m)$$

に到達しました．これをアイゼンシュタインは

$$(10') \qquad \left[\frac{n}{m}\right] = \prod \frac{\varphi(nt)}{\varphi(t)}$$

と表記して，ここで用いられた記号 $\left[\dfrac{n}{m}\right]$ は冪 $n^{\frac{1}{4}(p-1)}(\mathrm{mod}.\,m)$
と合同になる**複素単数**を表していると言い添えました．アイゼ
ンシュタインはガウスの「4 次剰余の理論 第 2 論文」を踏まえて
います．

　ガウスは複素整数域において，有理整数域におけるフェルマ
の小定理と類似の命題を提示しました．複素整数 m は素数と
し，k は m で割り切れない複素整数とすると，m のノルムを p
とするとき，m を法とする合同式

$$k^{p-1} \equiv 1 \ (\mathrm{mod}.\, m)$$

が成立するというのがその命題です．ルジャンドルはフェルマの小定理に基づいて，奇素数 p と p で割り切れない数 a に対して「ルジャンドルの記号」$\left(\dfrac{a}{p}\right)$ を定めました．フェルマの小定理によると合同式

$$a^{p-1} \equiv 1 \;(\mathrm{mod}.p)$$

が成立しますが，因数分解を実行して，

$$a^{p-1}-1 = \left(a^{\frac{p-1}{2}}-1\right)\left(a^{\frac{p-1}{2}}+1\right)$$

と表記すると，冪 $a^{\frac{p-1}{2}}$ を p で割るときの剰余は $+1$ であるか，あるいは -1 のあるかのいずれかであることがわかります．そこでルジャンドルは，前者の場合には $\left(\dfrac{a}{p}\right) = +1$，後者の場合には $\left(\dfrac{a}{p}\right) = -1$ と定めました．異なる二つの奇素数 p,q に対しては二つのルジャンドル記号 $\left(\dfrac{q}{p}\right),\left(\dfrac{p}{q}\right)$ が定まりますが，ルジャンドルは

$$\left(\frac{q}{p}\right)\left(\frac{p}{q}\right) = (-1)^{\frac{p-1}{4}\frac{q-1}{4}}$$

という等式を書いて相互関係を明らかにして，これを「二つの異なる奇素数間の相互法則」と呼びました．奇素数 p を基準にすると，p 以外のあらゆる奇素数は大きく二つのクラスに分れます．第 1 のクラスは等式 $\left(\dfrac{q}{p}\right) = +1$，すなわち合同式 $q^{\frac{p-1}{2}} \equiv +1\,(\mathrm{mod}.p)$ を満たす奇素数 q の全体であり，第 2 のクラスは等式 $\left(\dfrac{q}{p}\right) = -1$，すなわち合同式 $q^{\frac{p-1}{2}} \equiv -1\,(\mathrm{mod}.p)$ を満たす奇素数 q の全体です．平方剰余の理論の枠内で語るのであれば，第 1 のクラスに入る奇素数は p の平方剰余であり，第 2 のクラスには p の平方剰余ではない数，すなわち非平方剰余である数が入ります．ガウスはこのルジャンドルの流儀になら

って 4 次剰余の相互法則，すなわち 4 次剰余の理論の基本定理を語りました．

合同式 $k^{p-1} \equiv 1 \,(\mathrm{mod}.\,m)$ が成立しますから $k^{p-1}-1$ は m で割り切れます．そこで，ルジャンドルがそうしたように，

$$k^{p-1}-1 = (k^{\frac{p-1}{4}}-1)(k^{\frac{p-1}{4}}-i)(k^{\frac{p-1}{4}}+1)(k^{\frac{p-1}{4}}+i)$$

と因数分解を実行すると，4 個の数

$$k^{\frac{p-1}{4}}-1,\; k^{\frac{p-1}{4}}-i,\; k^{\frac{p-1}{4}}+1,\; k^{\frac{p-1}{4}}+i$$

のうちのどれかひとつ，しかもひとつだけが m で割り切れることがわかります．これを言い換えると，4 個の合同式

$$k^{\frac{p-1}{4}} \equiv 1 \,(\mathrm{mod}.\,m)$$
$$k^{\frac{p-1}{4}} \equiv i \,(\mathrm{mod}.\,m)$$
$$k^{\frac{p-1}{4}} = -1 \,(\mathrm{mod}.\,m)$$
$$k^{\frac{p-1}{4}} \equiv -i \,(\mathrm{mod}.\,m)$$

のいずれかひとつのみが成立するということにほかなりません．複素整数域における 4 個の単数 $1, i, -1, -i$ がここに現れています．そこでガウスは，このような状況に対応して，m で割り切れない複素整数 k の全体を 4 個のクラスに分けました．

第 1 のクラスは $k^{\frac{p-1}{4}} \equiv 1 \,(\mathrm{mod}.\,m)$ となる数 k の全体です．これらの数は m の 4 次剰余です．

第 2 のクラスは $k^{\frac{p-1}{4}} \equiv i \,(\mathrm{mod}.\,m)$ となる数 k の全体です．ここには m の 4 次非剰余のうち，平方非剰余でもあるものが配分されています．

第 3 のクラスは $k^{\frac{p-1}{4}} \equiv -1 \,(\mathrm{mod}.\,m)$ となる数 k の全体です．ここには m の 4 次非剰余のうち，平方剰余であるものが配分されています．

第 4 のクラスは $k^{\frac{p-1}{4}} \equiv -i \,(\mathrm{mod}.\,m)$ となる数 k の全体です．

ここには第 2 のクラスと同じく m の 4 次非剰余のうち，平方非剰余でもあるものが配分されています．

　このようにクラス分けを行ったのちに，ガウスは各々のクラスにそれぞれ 4 **次指標**（**character biquadraticus**）0，1，2，3 を割り当てました．アイゼンシュタインが導入した記号 $\left[\dfrac{n}{m}\right]$ を用いれば，この記号の表す数値が $+1, i, -1, -i$ であるのに応じて，n の 4 次指標はそれぞれ 0，1，2，3 であることになります．$+1, i, -1, -i$ はみな i の冪であること，その際，冪指数はそれぞれ 0，1，2，3 であることに留意したいと思います．ガウスはここに認められる冪指数に着目し，それを 4 次指標と名づけたのでした．

■■ ガウスの相互法則

　記号 $\left[\dfrac{n}{m}\right]$ の指し示すところを解明するために，アイゼンシュタインは前に見出された等式

$$\frac{\varphi(nt)}{\varphi(t)} = \frac{nF[\varphi(t)^4] + \varphi(t)^{q-1}}{1 + nG[\varphi(t)^4]}$$

を取り上げました（前章で初出の際には F, G はドイツ語の花文字で $\mathfrak{F}, \mathfrak{G}$ と表記されました）．n は 2 項素数で，しかもプライマリーであることを，ここで想起しておきたいと思います．F と G は $\varphi(t)^4$ の多項式で，係数はみな複素整数です．$t = \dfrac{r\omega}{m}$（53 頁では $t = \dfrac{kw}{m}$ と置きましたが，ここでは文字 k を r に変えました）と置いたことに留意すると，式（10'）は

$$(11) \quad \left[\frac{n}{m}\right] \cdot \prod \left\{1 + nG\left[\varphi\left(\frac{r\omega}{m}\right)^4\right]\right\}$$
$$= \prod \left\{nF\left[\varphi\left(\frac{r\omega}{m}\right)^4\right] + \varphi\left(\frac{r\omega}{m}\right)^{q-1}\right\}$$

という形に表示されます．左右両辺の積を n の多項式として書き表すと，

$$\left[\frac{n}{m}\right]\cdot\left\{1+a_1 n+a_2 n^2+\cdots+a_{\frac{1}{4}(p-1)}n^{\frac{1}{4}(p-1)}\right\}$$
$$=\prod\varphi\left(\frac{r\omega}{m}\right)^{q-1}+b_1 n+b_2 n^2+\cdots+b_{\frac{1}{4}(p-1)}n^{\frac{1}{4}(p-1)}$$

という形になります．ここで，係数 $a_1, a_2, \cdots, b_1, b_2, \cdots$ はすべて複素整数ですが，もう少し詳しく見ると，前に挙げた方程式

$$(8) \qquad z^{\frac{1}{4}(p-1)}+A_{\frac{1}{4}(p-5)}z^{\frac{1}{4}-1}+\cdots+A_1 z+m=0$$

の根の対称式です．また，既出の式

$$(9) \qquad \prod\varphi\left(\frac{r\omega}{m}\right)^4=(-1)^{\frac{1}{4}(p-1)}\cdot m$$

により，等式

$$\prod\varphi\left(\frac{r\omega}{m}\right)^{q-1}=\left[(-1)^{\frac{1}{4}(p-1)}\cdot m\right]^{\frac{1}{4}(q-1)}$$

が得られます．そこで，左右両辺において n で割り切れる項をすべて取り去ると，合同式

$$\left[\frac{n}{m}\right]\equiv(-1)^{\frac{1}{4}(p-1)\cdot\frac{1}{4}(q-1)}\cdot m^{\frac{1}{4}(q-1)} \pmod{n}$$

に移行し，これより等式

$$\left[\frac{n}{m}\right]=(-1)^{\frac{1}{4}(p-1)\cdot\frac{1}{4}(q-1)}\left[\frac{m}{n}\right]$$

が手に入ります．アイゼンシュタインはこれを**ガウスの相互法則**（**Gaussische Reciprocitätsgesetz**）と呼びました．

この法則には m と n が実整数の場合，言い換えると単項複素数の場合は除外されていますが，その場合についてはフェルマの小定理から難なく導かれます．実際，この場合には m と n は $4k+3$ の有理素数で，それらのノルムはそれぞれ m^2, n^2 ですから $\frac{1}{4}(m^2-1)$, $\frac{1}{4}(n^2-1)$ はいずれも偶数です．フェルマの小定理により，

$$(\pm m)^{\frac{1}{4}(n^2-1)}=(\pm m^{\frac{1}{4}(n+1)})^{n-1}\equiv 1 \pmod{n}$$

および

$$(\pm n)^{\frac{1}{4}(m^2-1)} = (\pm n^{\frac{1}{4}(m+1)})^{m-1} \equiv 1 \ (\mathrm{mod}. m)$$

となりますが，これにより等式 $\left[\dfrac{m}{n}\right] = \left[\dfrac{n}{m}\right]$ が示されています．

■■ 原型の 4 次剰余相互法則

　アイゼンシュタインが語った「ガウスの相互法則」をガウスが「4 次剰余の理論 第 2 論文」において報告した「4 次剰余の理論の基本定理」と比べると，いくぶん形が異なります．アイゼンシュタインは「ガウスの相互法則」が「4 次剰余の理論の基本定理」を与えることを示しています．

　m を $m = a+bi$ と表示して，そのノルムを $p = a^2+b^2$ とすると，

$$\frac{1}{4}(p-1) = \frac{1}{4}(a^2-1) + \frac{1}{4}b^2$$
$$= \frac{1}{4}(a^2-1) + \left(\frac{1}{2}b\right)^2$$

となります．m はプライマリーですから a は奇数です．したがって $a^2 \equiv 1 \ (\mathrm{mod}.8)$ となり，$\dfrac{1}{4}(a^2-1)$ は偶数です．それゆえ，$\dfrac{1}{4}(p-1) \equiv \left(\dfrac{1}{2}b\right)^2 \ (\mathrm{mod}.2)$ となります．さらに $\left(\dfrac{1}{2}b\right)^2 \equiv \dfrac{1}{2}b \ (\mathrm{mod}.2)$ ともなります．実際，$\left(\dfrac{1}{2}b\right)^2 - \dfrac{1}{2}b = \dfrac{1}{2}b\left(\dfrac{1}{2}b-1\right)$ となりますが，$\dfrac{1}{2}b$ と $\dfrac{1}{2}b-1$ のどちらかは必ず偶数です．なぜなら，m はプライマリーですから b は偶数ですが，b がある偶数の 2 倍なら $\dfrac{1}{2}b$ は偶数になり，b がある奇数の 2 倍なら $\dfrac{1}{2}b-1$ が偶数になるからです．これで $\dfrac{1}{4}(p-1) \equiv \dfrac{1}{2}b \ (\mathrm{mod}.2)$ となることがわかりました．

再び m はプライマリーですから，$a-1$ と b はともにある偶数の2倍になるか，あるいはともにある奇数の2倍になるかのいずれかです．前者の場合，$\frac{1}{2}(a-1)$ と $\frac{1}{2}b$ はともに偶数であり，後者の場合にはともに奇数になります．いずれにしても合同式 $\frac{1}{2}b \equiv \frac{1}{2}(a-1)\ (\mathrm{mod.}2)$ が成立します．これで

$$\frac{1}{4}(p-1) \equiv \frac{1}{2}(a-1)\ (\mathrm{mod.}2)$$

となることがわかりました．

n もプライマリーですから，$n = c+di$ と置き，n のノルムを $q = c^2+d^2$ と表記すると，同様にして合同式

$$\frac{1}{4}(q-1) \equiv \frac{1}{2}(c-1)\ (\mathrm{mod.}2)$$

が得られます．それゆえ，「ガウスの相互法則」は

$$\left[\frac{n}{m}\right] = (-1)^{\frac{1}{2}(a-1)\cdot\frac{1}{2}(c-1)}\left[\frac{m}{n}\right]$$

という形になります．アイゼンシュタインはこの等式を導いて，ガウスはこのような形で相互法則を提示したと言い添えました．

ガウスの「4次剰余の理論‐第2論文」に見られる「4次剰余の理論の基本定理」を参照したいと思います．ガウスはプライマリーな複素素数を第1種と第2種に区分けしました．$m = a+bi$ はプライマリーですから $a-1$ と b はともにある偶数の2倍になるか，あるいはともにある奇数の2倍になるかのいずれかですが，前者の場合には $a \equiv 1,\ b \equiv 0\ (\mathrm{mod.}4)$，後者の場合には $a \equiv 3,\ b \equiv 2\ (\mathrm{mod.}4)$ となります．ガウスは前者の場合には m を第1種と呼び，後者の場合には第2種と呼びました．これを言い換えると，m が第1種というのは4を法として1と合同であることであり，第2種というのは4を法として $3+2i$ と合同になることにほかなりません．この区分けは任意のプライマリーな複素素数を対象としています．そこで m と

n の少なくとも一方が第 1 種の場合を考えると，$a-1$ と $c-1$ の少なくともどちらかは 4 を法として 0 と合同ですから，書き直されたガウスの相互法則により，$\left[\dfrac{n}{m}\right] = \left[\dfrac{m}{n}\right]$ となります．ガウスはこれを，m の n に関する 4 次指標は n の m に関する 4 次指標と一致すると言い表しました．また，m と n がどちらも第 1 種ではない場合には $a-1$ と $c-1$ はいずれも 4 を法として 2 と合同ですから，$\dfrac{1}{2}(a-1)$ と $\dfrac{1}{2}(c-1)$ はどちらも奇数です．それゆえ，書き直されたガウスの相互法則により $\left[\dfrac{n}{m}\right] = -\left[\dfrac{m}{n}\right]$ となります．$-1 = i^2$ であることに留意すると，$\left[\dfrac{n}{m}\right] = i^2\left[\dfrac{m}{n}\right]$ と表記されます．ガウスはこれを，m の n に関する 4 次指標と n の m に関する 4 次指標は 2 だけ相違すると言い表しました．これで「ガウスの相互法則」は「4 次剰余の理論の基本定理」と同等であることが明らかになりました．

■■「楕円関数論への寄与」の第 6 論文より

　アイゼンシュタインの論文「楕円関数論への寄与」の第 1 論文はなお続きますが，ここまでのところでレムニスケート関数の諸性質に基づいて 4 次剰余相互法則を証明するという目的は達成されました．これを入り口として連作「楕円関数論の寄与」の叙述が重ねられてアイゼンシュタインの楕円関数論の世界が開かれていき，最後の第 6 論文では一般理論の構築へと進みます．楕円関数を 2 重無限積により表示しようとする独自の試みで，魅力があります．その情景を観察したいと思います．

　第 6 論文は 2 回に分けて公表されました．前半の表題は

　「楕円関数を商として組立てるのに用いられる無限 2 重積の

精密な研究」

というもので，楕円関数論におけるアイゼンシュタインの数学的意図がそのまま表明されています．円関数，すなわち三角関数の場合には，α, β は定数として

$$\prod \left\{ 1 - \frac{x}{\alpha m + \beta} \right\}$$

という形の無限積が現れますが，楕円関数の表示の場合には3個の定数 α, β, γ が附随して，

$$\prod \left\{ 1 - \frac{x}{\alpha m + \beta n + \gamma} \right\}$$

という形の無限積が要請されます．アイゼンシュタインはこの点に目を留めて，この形の無限積の精密な研究をめざしました．

■■ 式 $\alpha m + \beta n + \gamma$ により表される数の考察に向う

一般に3個の定数 α, β, γ は複素数値をもとりうるとして，

$$\alpha m + \beta n + \gamma = u$$

と表記します．m と n のところに任意の整数を自由に代入すると，u はさまざまな値をとりますが，その様子を主として制御するのは α と β の比であり，γ はいわば脇役を演じるにすぎません．

まず α が β に対して実の有理数比をもつという場合を考えてみます．この場合には商 $\dfrac{\beta}{\alpha}$ は実有理数になります．そうしてある数が m, n にある数値を与えるときに式 u により表されたなら，その値は無限に多くの仕方で u により表されます．言い換えると，u に同じ値を与える m, n の値の組が無数に存在します．

これを確認します．実有理数 $\dfrac{\beta}{\alpha}$ を一番小さい有理整数を用

いて $\frac{\nu}{\mu}$ というふうに分数の形に表示します．μ, ν は公約数をも

たない有理整数です．$\frac{\beta}{\alpha} = \frac{\nu}{\mu}$ より $\frac{\alpha}{\mu} = \frac{\beta}{\nu}$．この分数値を

δ で表すと，$\alpha = \mu\delta, \beta = \nu\delta$ となります．これを u の表示式に
代入すると，

$$u = \delta(\mu m + \nu n) + \gamma$$

という形に表示されます．ここで，μ と ν は互いに素ですか
ら，式 $\mu m + \nu n$ によりどのような有理整数値も無限に多くの仕
方で表されます．そこでこの式を1個の不定整数と見て，あら
ためて m と表記すると，u で表される値というのは式 $\delta m + \gamma$
で表される値のことにほかなりません．しかもそれらの値はど
れも無限に多くの仕方で表されます．したがって u の実体は1
個の等差数列の一般項にすぎませんし，そのうえこの等差数列
には各項が無限に繰り返して現れます．この場合，2重無限積

$\prod \left\{ 1 - \frac{x}{\alpha m + \beta n + \gamma} \right\}$ は実際には単純無限積であることにな

り，そこには各々の項が無限に繰り返して書き込まれています．
そのような積は収束しませんから考察の対象からはずします．
二つの係数 α と β の一方が0の場合にも単純無限積になります
からやはり除外します．α と β がともに0の場合は問題になり
ません．

　これで比 $\frac{\beta}{\alpha}$ が実有理数である場合が除外されました．これ

を第1の場合として，第2に α が β に対して実の無理数比をも
つという場合を考えてみます．この比を ω で表すと，$\beta = \omega\alpha$．
これを式 u に代入すると，

$$u = \alpha(m + n\omega) + \gamma$$

という形になります．ω は無理数ですから，どのような実量も
式 $m + n\omega$ により望むだけの精度で近似されます．しかもその近

似は m, n の無数の組により実現されます（このことは無理数に特有の属性として広く知られています．手近なところでは高木貞治『数学雑談』（共立出版）がよい参考になります）．したがって，k は任意の実数とするとき，u は $\alpha k + \gamma$ という形の数に望むだけの精度で近接しうることになり，しかもこの近似は無限に多くの整数値 m, n により実現されます．ところがこのような帰結は，第1の場合と同様に，2重無限積との関連を考えるととうてい受け入れられるものではありません．このようなわけで第2の場合は放棄しなければならないことになってしまいます．

■■ 第3の場合

　第3の場合が残されています．それは α の β に対する比が虚数になる場合，言い換えると二つの複素数 α, β の比の虚部が0と異なるという場合です．この場合には第1の場合と第2の場合に見られるような困難はないとアイゼンシュタインは言い添えました．実際，u の絶対値がある一定の限界の間にはさまれるような m, n の値の個数は無限大ですが（個数が0になることもありえますが，そうでなければ該当する m, n は無数です），第3の場合にはこの個数はつねに有限です．アイゼンシュタインはこの点に第3の場合の特徴を見ています．

　一般に複素数の絶対値を文字 M で表すことにすると（M は絶対値の意のドイツ語 Modul（モドゥール）の頭文字），複素数 $p + qi$ に対して $M(p + qi) = \sqrt{p^2 + q^2}$ となります．$\alpha = a + a'i$，$\beta = b + b'i$，$\gamma = c + c'i$ と表記して，

$$v = am + bn + c, \quad v' = a'm + b'n + c'$$

と置くと，v は u の実部，v' は u の虚部における i の係数で，$u = v + v'i$ と書き表されます．u の絶対値 $M(u) = \sqrt{v^2 + v'^2}$ が

ある一定の限界の間にはさまれているとすると，v と v' の大きさも同じ限界の間にとどまりますから，$v-c$ と $v'-c'$ の大きさもまた一定の限界の間におさまることになります．ここで $\dfrac{\beta}{\alpha}$ は虚数であることを想起し，この商の虚部の係数は $\dfrac{ab'-a'b}{a^2+a'^2}$ となることに留意すると，$ab'-ba' \neq 0$ となることがわかります．それゆえ，方程式系

$$am + bn = v - c$$
$$a'm + b'n = v' - c'$$

を m と n について解くことができて，m, n は $v-c$ と $v'-c'$ を用いて表されますから，m と n の大きさもまた一定の限界内にとどまります．しかもこれらは整数ですから，その限界内にとどまる m, n はいずれも有限個しか存在しえません．これで，u の絶対値 $M(u)$ の大きさが一定の限界内にとどまるという条件に該当する u の個数は有限であることがわかりました．

　引き続く考察ではつねに第3の場合，言い換えると α と β の比が虚数になる場合が取り上げられます．

■▓ 無限積 $\prod\left(1-\dfrac{x}{u}\right)$ の対数をとる

　複素変数 x を伴う無限積

$$\prod\left(1 - \frac{x}{u}\right)$$

において，この積を構成する各項 $1-\dfrac{x}{u}$ の対数 $\log\left(1-\dfrac{x}{u}\right)$ は，$M(u) > M(x)$ という条件のもとで x の収束する冪級数に展開されます．前節で観察したことにより，不等式 $M(u) \leqq M(x)$ が満たされる項は有限個です．そこでそれらの項

はひとまず除外することにして，残される項の積を

$$\prod{}'\left(1-\frac{x}{u}\right)$$

と表記します．この無限積では条件 $M(u) > M(x)$ を満たす整数 m, n のみが取り上げられて，積が構成されています．この状況のもとで，各項の対数は

$$\log\left(1-\frac{x}{u}\right) = -\frac{x}{u} - \frac{x^2}{2u^2} - \frac{x^3}{3u^3} - \frac{x^4}{4u^4} - \cdots$$

と表示されますから，上記の積の対数は

(1)　$\log \displaystyle\prod{}'\left(1-\frac{x}{u}\right) = -x\sum{}'\frac{1}{u} - \frac{x^2}{2}\sum{}'\frac{1}{u^2}$

$$-\frac{x^3}{3}\sum{}'\frac{1}{u^3} - \frac{x^4}{4}\sum{}'\frac{1}{u^4} - \cdots$$

という形になります（式番号（1）はアイゼンシュタインの論文 VI にならっています．以下の叙述でも同様です）．無限級数の諸項を加える順序を適当に変更してこのような形に表示しましたが，これが許されるためには，この級数の係数をつくっているさまざまな和が収束することと，この級数それ自身が諸項を加える順序に依存することなく収束することを示す必要があります．あらゆる項をその絶対値に置き換えて生じる級数が収束するのであれば，ここでなされた変形は許されます．

　まずこの級数の係数に見られる和の収束性について検討します．$x^3, x^4, x^5, \cdots$ の係数は収束し，しかも諸項を加える順序にまったく依存しません．これに対し，x の係数と x^2 の係数，すなわち和 $\sum{}'\dfrac{1}{u}$ と $\sum{}'\dfrac{1}{u^2}$ は諸項を適切に配列して加えれば収束しますが，いつでも収束するわけではありませんし，ある配列の場合に収束したとしても，配列を変更したときにつねに同一の値を保持し続けるわけでもありません．アイゼンシュタインはこのような状勢を克明に観察しようとしています．

　出発点に立ち返って，和

$$\sum{}' \frac{1}{u^{\mu}}$$

を取り上げてみます. $\mu > 2$ であれば, この和は諸項の配列に依存せずに収束し, しかも各項をその絶対値に置き換えても収束するとアイゼンシュタインは主張しています. そこですべての項をその絶対値に置き換えます. 前にそうしたように $\alpha = a + a'i$, $\beta = b + b'i$, $\gamma = c + c'i$ と置くと, $u = (am + bn + c) + i(a'm + b'n + c')$ と表示され, その絶対値は

$$M(u) = ((am + bn + c)^2 + (a'm + b'n + c')^2)^{\frac{1}{2}}$$

となりますから, 上記の和の諸項をその絶対値に置き換えると,

$$\sum{}' \frac{1}{((am + bn + c)^2 + (a'm + b'n + c')^2)^{\frac{\mu}{2}}}$$

という形の和に変ります. この和が $\mu > 2$ のときに収束することを示したいのですが, アイゼンシュタインは少し形を変えて,

$$\sum \frac{1}{((am + bn + c)^2 + (a'm + b'n + c')^2)^{\mu}}$$

という和を書きました. $\frac{\mu}{2}$ が μ に変り, $\sum{}'$ が $\sum$ に変っています. この和が $\mu > 1$ のときに収束することを示そうというのです.

第6章

多重級数の収束性の検討
第1課題

■■ τ（タウ）重級数

アイゼンシュタインはいっそう一般的な状況を想定し，τ 重級
数

$$\sum \frac{1}{(m_1^2 + m_2^2 + m_3^2 + \cdots + m_\tau^2)^\mu}$$

を提示しました．この和において，指数 $m_1, m_2, m_3, \cdots, m_\tau$ は
$-\infty$ から ∞ までのあらゆる整数値にわたって変動しますが，た
だひとつ，

$$m_1 = 0,\ m_2 = 0, \cdots, m_\tau = 0$$

という組合せだけは除外します．この級数は $\mu > \dfrac{1}{2}\tau$ なら収束し
ます．アイゼンシュタインはこの事実の証明をめざしました．

まず指数 $m_1, m_2, m_3, \cdots, m_\tau$ の変動する範囲を正整数の全体に
限定し，その場合に収束することが示されます．そこで今から
しばらくの間，これらの指数はすべて正であるものとします．
$0, 1, 2, 3, 4, \cdots$ と続く数の中から τ 個の数 $k_1, k_2, \cdots, k_\tau$ を任意に取
り出して，τ 個の不等式

$$(K) \begin{cases} 2^{k_1} \leqq m_1 < 2^{k_1+1}, \\ 2^{k_2} \leqq m_2 < 2^{k_2+1}, \\ 2^{k_3} \leqq m_3 < 2^{k_3+1}, \\ \cdots\cdots\cdots\cdots \\ 2^{k_\tau} \leqq m_\tau < 2^{k_\tau+1}, \end{cases}$$

をつくり，上記の τ 重級数において，指数 $m_1, m_2, m_3, \cdots, m_\tau$ が変動する範囲をこれらの不等式を満たすものに限定して得られる部分級数を $(k_1, k_2, \cdots, k_\tau)$ と表記することにします．この部分級数は有限個の項の和で，指数 m_1 の取りうる数値の個数は $2^{k_1+1}-2^{k_1}=(2-1)2^{k_1}=2^{k_1}$，指数 m_2 の取りうる数値の個数は $2^{k_2+1}-2^{k_2}=\cdots=2^{k_2}$，指数 m_3 の取りうる数値の個数は $2^{k_3+1}-2^{k_3}=\cdots=2^{k_3}, \cdots$，指数 m_τ の取りうる数値の個数は $2^{k_\tau+1}-2^{k_\tau}=\cdots=2^{k_\tau}$ ですから，部分級数 $(k_1, k_2, \cdots, k_\tau)$ の項数を数えると，

$$2^{k_1} \cdot 2^{k_2} \cdots 2^{k_\tau} = 2^{\sum k} = 2^{\tau\kappa}$$

となります．ここで，τ 個の数 $k_1, k_2, \cdots, k_\tau$ の算術平均を

$$\kappa = \frac{k_1+k_2+\cdots+k_\tau}{\tau}$$

という記号で表しました．また，和 $k_1+k_2+\cdots+k_\tau$ を $\sum k$ と略記しました．

　部分級数 $(k_1, k_2, \cdots, k_\tau)$ を構成する諸項の各々について，指数 $m_1, m_2, \cdots, m_\tau$ の大きさは不等式 (K) により限定されていますから，不等式

$$\sum 2^{2k} \leqq m_1^2+m_2^2+m_3^2+\cdots+m_\tau^2 < \sum 2^{2k+2}$$

が成立します．ここで，$\sum 2^{2k}$ は和 $2^{2k_1}+2^{2k_2}+2^{2k_3}+\cdots+2^{2k_\tau}$ の略記号．$\sum 2^{2k+2}$ についても同様です．類似の略記号は今後も用います．この不等式を観察すると，κ は τ 個の数 $k_1, k_2, \cdots, k_\tau$ の平均値ですから，これらの数のどれよりも大きいということ

はありえません．言い換えると，κ はこれらの数のうちの少な
くともひとつをこえることはありませんから，もとより不等式
$2^{2\kappa} < \sum 2^{2k}$ が成立します．したがって $2^{2\kappa} \leqq \sum m^2$ となり，これ
より不等式

$$\frac{1}{(m_1^2 + m_2^2 + m_3^2 + \cdots + m_\tau^2)^\mu} \leqq \frac{1}{2^{2\kappa\mu}}$$

が得られます．これにより，部分級数 $(k_1, k_2, \cdots, k_\tau)$ をつくって
いる項はどれも $\frac{1}{2^{2\kappa\mu}}$ をこえないことがわかりました．そうして
すでに見たように，この部分級数は全部で $2^{\kappa\tau}$ 個の項でつくられ
ていますから，それらの総和は

$$\frac{2^{\kappa\tau}}{2^{2\kappa\mu}} = \frac{1}{2^{\kappa(2\mu - \tau)}} = \frac{1}{2^{\frac{2\mu - \tau}{\tau}k_1}} \cdot \frac{1}{2^{\frac{2\mu - \tau}{\tau}k_2}} \cdots \frac{1}{2^{\frac{2\mu - \tau}{\tau}k_\tau}}$$

をこえることはありません．そこで数 k を定め，$k_1, k_2, \cdots, k_\tau$
はみな k より大きくなることはないものとし，そのような
$k_1, k_2, \cdots, k_\tau$ に対応する部分級数 $(k_1, k_2, \cdots, k_\tau)$ のすべてを加える
と，その総和は

$$\sum_{k_1=0}^{k_1=k} \sum_{k_2=0}^{k_2=k} \cdots \sum_{k_\tau=0}^{k_\tau=k} \frac{1}{2^{\frac{2\mu - \tau}{\tau}k_1}} \cdot \frac{1}{2^{\frac{2\mu - \tau}{\tau}k_2}} \cdots \frac{1}{2^{\frac{2\mu - \tau}{\tau}k_\tau}}$$

$$= \left\{ 1 + \frac{1}{2^{\frac{2\mu - \tau}{\tau}}} + \frac{1}{2^{2\frac{2\mu - \tau}{\tau}}} + \frac{1}{2^{3\frac{2\mu - \tau}{\tau}}} + \cdots + \frac{1}{2^{k\frac{2\mu - \tau}{\tau}}} \right\}^\tau$$

をこえません．括弧内の和は公比 $\frac{1}{2^{\frac{2\mu - \tau}{\tau}}}$ の有限の幾何学的級数
ですが，k が限りなく大きくなっていく状況を想定すると無限
級数になります．$2\mu - \tau$ が正なら，言い換えると $\mu > \frac{1}{2}\tau$ なら公
比が 1 より小さくなって，この無限級数は収束します．この場
合，和は

$$\frac{1}{1 - \frac{1}{2^{\frac{2\mu - \tau}{\tau}}}} = \frac{2^{\frac{2\mu - \tau}{\tau}}}{2^{\frac{2\mu - \tau}{\tau}} - 1}$$

となります．したがって，τ 重級数

$$\sum \frac{1}{(m_1^2 + m_2^2 + m_3^2 + \cdots + m_\tau^2)^\mu}$$

をつくる項のうち，条件

$$0 < m_1 < 2^{k+1},\ 0 < m_2 < 2^{k+1},$$
$$0 < m_3 < 2^{k+1},\cdots, 0 < m_\tau < 2^{k+1}$$

を満たすものすべての和は

$$\left\{\frac{2^{\frac{2\mu-\tau}{\tau}}}{2^{\frac{2\mu-\tau}{\tau}}-1}\right\}^\tau = \frac{2^{2\mu-\tau}}{(2^{\frac{2\mu-\tau}{\tau}}-1)^\tau}$$

より小さくなることになります．$\mu > \frac{1}{2}\tau$ である限り，k がどれ
ほど大きくともこの言明はつねに成立します．

■■　すべての指数が正の項のつくる部分級数

　今度は上記の τ 重級数において，m_1 については $m_1 = 1$ から
M_1 まで，m_2 については $m_2 = 1$ から M_2 まで，$\cdots$，m_τ について
は $m_\tau = 1$ から M_τ までを加える級数をつくってみます．十分に
大きな k をとって，2^{k+1} が $M_1, M_2, \cdots, M_\tau$ より大きくなるように
できることに留意すると，先ほど観察したことにより，この級数
は収束し，その和は $\dfrac{2^{2\mu-\tau}}{(2^{\frac{2\mu-\tau}{\tau}}-1)^\tau}$ をこえないことがわかります．

■■　いくつかの指数が負の項のつくる部分級数と
　　いくつかの指数が 0 の項のつくる部分級数

　指数 $m_1, m_2, \cdots, m_\tau$ はどれも 0 ではないとして，いくつかが負
の場合には，すべてが正の場合に帰着されます．なぜなら，こ
こで取り上げている τ 重級数には，これらの指数の平方のみが
現れるからです．

これらの指数のうちのいくつか，たとえば $0 < \sigma < \tau$ として σ 個が 0 となる項をすべて集めると，$\tau - \sigma$ 重級数が現れますが，形が同じであることに留意すると，すでに観察したことにより，$\mu > \frac{1}{2}(\tau - \sigma)$ であれば収束することがわかります．ところが，$\mu > \frac{1}{2}\tau$ であれば必然的に $\mu > \frac{1}{2}(\tau - \sigma)$ となりますから，この $\tau - \sigma$ 重級数は必ず収束します．

このようにして，はじめに提示された τ 重級数は有限個の収束級数でつくられていることが明らかになりました．それゆえ，もとの τ 重級数自身もまた収束します．これで当初の目的は達成されました．

■■▌ 発散する場合

提示された τ 重級数は $\mu > \frac{1}{2}\tau$ の場合には収束することが確認されましたが，同様の論証により，$\mu \leqq \frac{1}{2}\tau$ の場合には発散することが示されます．

■■▌ 一般の τ 重級数に移る

ここまでのところで取り上げられた τ 重級数に続いて，アイゼンシュタインはいっそう一般的な τ 重級数の考察に移りました．まず τ^2 個の**実定数**

$$(A) \begin{cases} a_1^{(1)}, a_1^{(2)}, a_1^{(3)}, \cdots, a_1^{(\tau)}, \\ a_2^{(1)}, a_2^{(2)}, a_2^{(3)}, \cdots, a_2^{(\tau)}, \\ a_3^{(1)}, a_3^{(2)}, a_3^{(3)}, \cdots, a_3^{(\tau)}, \\ \cdots\cdots\cdots\cdots \\ a_\tau^{(1)}, a_\tau^{(2)}, a_\tau^{(3)}, \cdots, a_\tau^{(\tau)}, \end{cases}$$

を用意します．これらの定数は完全に任意というわけではなく，
行列式

$$\begin{vmatrix} a_1^{(1)} & a_1^{(2)} & a_1^{(3)} & \cdots & a_1^{(\tau)} \\ a_2^{(1)} & a_2^{(2)} & a_2^{(3)} & \cdots & a_2^{(\tau)} \\ a_3^{(1)} & a_3^{(2)} & a_3^{(3)} & \cdots & a_3^{(\tau)} \\ \cdots & \cdots & \cdots & \cdots & \cdots \\ a_\tau^{(1)} & a_\tau^{(2)} & a_\tau^{(3)} & \cdots & a_\tau^{(\tau)} \end{vmatrix}$$

が 0 ではないという条件が課されています．次に，これらを τ
個の指数 $m_1, m_2, \cdots, m_\tau$ と組合わせて τ 個の 1 次同次式

$$w_1 = a_1^{(1)} m_1 + a_1^{(2)} m_2 + \cdots + a_1^{(\tau)} m_\tau,$$
$$w_2 = a_2^{(1)} m_1 + a_2^{(2)} m_2 + \cdots + a_2^{(\tau)} m_\tau,$$
$$\cdots\cdots\cdots\cdots$$
$$w_\tau = a_\tau^{(1)} m_1 + a_\tau^{(2)} m_2 + \cdots + a_\tau^{(\tau)} m_\tau,$$

をつくります．そのうえでさらに τ 個の**実**定数 $c_1, c_2, \cdots, c_\tau$ をと
って，式

$$(w_1 + c_1)^2 + (w_2 + c_2)^2 + \cdots + (w_\tau + c_\tau)^2 = \sum_{\sigma=1}^{\sigma=\tau} (w_\sigma + c_\sigma)^2 = \Omega$$

をつくり，これを τ 個の指数 $m_1, m_2, \cdots, m_\tau$ の関数と見ることに
します．Ω は $m_1, m_2, \cdots, m_\tau$ のもっとも一般的な形の正値 2 次形
式です．これらの指数の各々が $-\infty$ から ∞ までのあらゆる整数
値をとって移り行くとき，τ 重級数

$$\sum \frac{1}{\Omega^\mu}$$

は，冪指数 μ の大きさが $\mu > \frac{1}{2}\tau$ であれば収束するというのが
アイゼンシュタインの主張です．

　ここで，注意事項がひとつ．指数 $m_1, m_2, \cdots, m_\tau$ の組合せによ
っては $\Omega = 0$ となることがあるかもしれません．これを言い換
えると，$w_1 + c_1, w_2 + c_2, \cdots, w_\tau + c_\tau$ のすべてが 0 になることがあ
りうるということになりますが，そのような組合せは連立 1 次
方程式 $w_1 + c_1 = 0, w_2 + c_2 = 0, \cdots, w_\tau + c_\tau = 0$ の整数解にほかな

りませんから，もし存在するとしても高々有限個です．そこで
そのような組合せははじめから除外しておくことにします．

　τ 個の非負整数 $k_1, k_2, \cdots, k_\tau$ を選定し，τ 個の不等式

$$(K) \begin{cases} k_1 \leqq M(w_1+c_1) < k_1+1, \\ k_2 \leqq M(w_2+c_2) < k_2+1, \\ \cdots\cdots\cdots \\ k_\tau \leqq M(w_\tau+c_\tau) < k_\tau+1, \end{cases}$$

を満たす指数 $m_1, m_2, \cdots, m_\tau$ のすべての整数値を考えます（複素
数 $p+qi$ に対し，$M(p+qi)$ は $p+qi$ の絶対値 $\sqrt{p^2+q^2}$ を表す記
号ですが，ここでは $w_1+c_1, w_2+c_2, \cdots, w_\tau+c_\tau$ はみな実数です）．
課された条件を満たす指数の値の個数はつねに有限個ですが，
これに加えてある定まった限界内にとどまります．しかもその
限界は $k_1, k_2, \cdots, k_\tau$ に依存することなく定められます．まずこの
事実の証明をめざします．

■■ $m_1, m_2, \cdots, m_\tau$ を $w_1, w_2, \cdots, w_\tau$ を用いて表示する

　$w_1, w_2, \cdots, w_\tau$ の各々は $m_1, m_2, \cdots, m_\tau$ の 1 次式の形に表示され
ていて，その表示に現れる係数 (A) のつくる行列の行列式は 0
ではないと仮定されています．したがって，逆に $m_1, m_2, \cdots, m_\tau$
は $w_1, w_2, \cdots, w_\tau$ により表されます．もう少し詳しく言うと，係
数 (A) のつくる行列の逆行列をつくる τ^2 個の数を

$$(B) \begin{cases} b_1^{(1)}, b_1^{(2)}, b_1^{(3)}, \cdots, b_1^{(\tau)}, \\ b_2^{(1)}, b_2^{(2)}, b_2^{(3)}, \cdots, b_2^{(\tau)}, \\ b_3^{(1)}, b_3^{(2)}, b_3^{(3)}, \cdots, b_3^{(\tau)}, \\ \cdots\cdots\cdots \\ b_\tau^{(1)}, b_\tau^{(2)}, b_\tau^{(3)}, \cdots, b_\tau^{(\tau)}, \end{cases}$$

とするとき，これらを係数として

$$m_1 = b_1^{(1)} w_1 + b_1^{(2)} w_2 + \cdots + b_1^{(\tau)} w_\tau,$$

$$m_2 = b_2^{(1)} w_1 + b_2^{(2)} w_2 + \cdots + b_2^{(\tau)} w_\tau,$$

$$\cdots\cdots\cdots$$

$$m_\tau = b_\tau^{(1)} w_1 + b_\tau^{(2)} w_\tau + \cdots + b_\tau^{(\tau)} w_\tau,$$

と表示されます.

不等式 (K) を観察すると, w と c は実数として $w+c$ という形の数の絶対値 $M(w+c)$ が考えられています. そこで $w+c$ を $M(w+c)$ により表示すると, ε は $w+c$ の正負に応じて $+1$ または -1 を表すとして, $w+c = \varepsilon M(w+c)$ という等式が成立します. そこで, $\varepsilon_1, \varepsilon_2, \cdots, \varepsilon_\tau$ は $+1$ と -1 のどちらかを表すとして

$$w_1 + c_1 = \varepsilon_1 M(w_1 + c_1),$$

$$w_2 + c_2 = \varepsilon_2 M(w_2 + c_2),$$

$$\cdots\cdots\cdots,$$

$$w_\tau + c_\tau = \varepsilon_\tau M(w_\tau + c_\tau)$$

と置いてみます. $\varepsilon_1, \varepsilon_2, \cdots, \varepsilon_\tau$ のとりうる値の組合せの総数は 2^τ になります.

$m_\sigma (\sigma = 1, 2, \cdots, \tau)$ と $b_\sigma^{(1)}, b_\sigma^{(2)}, \cdots, b_\sigma^{(\tau)}$ の下の添え字 σ を省略してそれぞれ m および $b^{(1)}, b^{(2)}, \cdots, b^{(\tau)}$ と略記すると, $m_\sigma (\sigma = 1, 2, \cdots, \tau)$ を係数 $b_\sigma^{(1)}, b_\sigma^{(2)}, \cdots, b_\sigma^{(\tau)}$ を用いて $w_1, w_2, \cdots, w_\tau$ により表示する等式はどれも

$$m = b^{(1)} w_1 + b^{(2)} w_2 + \cdots + b^{(\tau)} w_\tau$$

という形になります. この式を変形していくと,

$$
\begin{aligned}
m &= b^{(1)}(w_1 + c_1) + b^{(2)}(w_2 + c_2) + \cdots + b^{(\tau)}(w_\tau + c_\tau) \\
&\quad - (b^{(1)} c_1 + b^{(2)} c_2 + \cdots + b^{(\tau)} c_\tau) \\
&= \varepsilon_1 b^{(1)} M(w_1 + c_1) + \varepsilon_2 b^{(2)} M(w_2 + c_2) + \cdots + \varepsilon_\tau b^{(\tau)} M(w_\tau + c_\tau) \\
&\quad - (b^{(1)} c_1 + b^{(2)} c_2 + \cdots + b^{(\tau)} c_\tau) \\
&= \sum_{\sigma=1}^{\sigma=\tau} \varepsilon_\sigma b^{(\sigma)} M(w_\sigma + c_\sigma) - \sum_{\sigma=1}^{\sigma=\tau} b^{(\sigma)} c_\sigma
\end{aligned}
$$

という等式に到達します.

$M(w_\sigma + c_\sigma)$ $(\sigma = 1, 2, \cdots, \tau)$ に 課 さ れ て い る 不 等 式 $k_\sigma \leqq M(w_\sigma + c_\sigma) < k_\sigma + 1$ $(\sigma = 1, 2, \cdots, \tau)$ を, 下 の 添 え 字 σ を 省 略して

$$k \leqq M(w+c) < k+1$$

と書くことにします. この不等式の両辺に $\varepsilon_\sigma b^{(\sigma)}$ を乗じるのですが, その際, ε_σ の下の添え字と $b^{(\sigma)}$ の上の添え字 σ を省略して表記することにすると, εb の正負に応じて,

$$\varepsilon bk \leqq \varepsilon bM(w+c) < \varepsilon bk + \varepsilon b$$

もしくは

$$\varepsilon bk + \varepsilon b < \varepsilon bM(w+c) \leqq \varepsilon bk$$

となります. σ の各々の値に対してこのような不等式が成立します. そこでこれらの不等式をすべて加えると, 不等式

$$\sum \varepsilon_\sigma b^{(\sigma)} k_\sigma + p \leqq \sum \varepsilon_\sigma b^{(\sigma)} M(w_\sigma + c_\sigma)$$
$$\leqq \sum \varepsilon_\sigma b^{(\sigma)} k_\sigma + q$$

が得られます. ここで, p は τ 個の数

$$\varepsilon_1 b^{(1)}, \varepsilon_2 b^{(2)}, \varepsilon_3 b^{(3)}, \cdots, \varepsilon_\tau b^{(\tau)}$$

のうち, 負であるものすべての和を表し, q はこれらの数のうち正であるものすべての和を表しています. この不等式に現れる3個の項の各々から $\sum b^{(\sigma)} c_\sigma$ を差し引くと, 不等式

$$\sum b^{(\sigma)} (\varepsilon_\sigma k_\sigma - c_\sigma) + p \leqq m \leqq \sum b^{(\sigma)} (\varepsilon_\sigma k_\sigma - c_\sigma) + q$$

が得られて, これにより m の大きさが限定されます. m をはさむ二つの数の差は $q-p$ で, これは τ 個の数 $\varepsilon_1 b^{(1)}, \varepsilon_2 b^{(2)}, \varepsilon_2 b^{(3)},$ $\cdots, \varepsilon_\tau b^{(\tau)}$ の絶対値の総和, すなわち $\sum M(b^{(\sigma)})$ です. m は**整数**であることに留意すると, 存在しうる m の値の個数は高々 $1 + \sum M(b^{(\sigma)})$ であることになります.

これで $m_1, m_2, m_3, \cdots, m_\tau$ について, 存在しうる個数はそれぞれ

$$1+\sum M(b_1^{(\sigma)}),\ 1+\sum M(b_2^{(\sigma)}),$$
$$1+\sum M(b_3^{(\sigma)}),\cdots,1+\sum M(b_\tau^{(\sigma)})$$

であることが明らかになりました．したがって，$m_1, m_2, m_3, \cdots, m_\tau$ の組合せの総数は高々，積

$$\left[1+\sum M\!\left(b_1^{(\sigma)}\right)\right]\!\left[1+\sum M\!\left(b_2^{(\sigma)}\right)\right]$$
$$\times\left[1+\sum M\!\left(b_3^{(\sigma)}\right)\right]\cdots\left[1+\sum M\!\left(b_\tau^{(\sigma)}\right)\right]$$

に等しいことになります．$\varepsilon_1, \varepsilon_2, \cdots, \varepsilon_\tau$ の組合せの個数は 2^τ であり，個々の組合せについて，そのつどこのような状勢が帰結します．それゆえ，条件 (K) を満たす整数 $m_1, m_2, m_3, \cdots, m_\tau$ の値の組合せの総数は

$$2^\tau \prod_{\sigma'=1}^{\sigma'=\tau}\left\{1+\sum_{\sigma=1}^{\sigma=\tau} M(b_{\sigma'}^{(\sigma)})\right\}$$

をこえることはありません．この積を C と表記することにします．

■■ 級数 $\displaystyle\sum \frac{1}{\Omega^\mu}$ に立ち返る

級数 $\displaystyle\sum \frac{1}{\Omega^\mu}$ において，不等式 (K) を満たす指数 $m_1, m_2, \cdots, m_\tau$ に対応する項のみを集めて部分級数をつくり，それを $(k_1, k_2, \cdots, k_\tau)$ で表します．τ 個の数 $k_1, k_2, \cdots, k_\tau$ の各々に相互に独立に 0 から ∞ にいたるあらゆる非負整数を割り当てていくと，部分級数 $(k_1, k_2, \cdots, k_\tau)$ の全体により級数 $\displaystyle\sum \frac{1}{\Omega^\mu}$ が汲み尽くされて，等式

$$\sum \frac{1}{\Omega^\mu} = \sum (k_1, k_2, \cdots, k_\tau)$$

が成立します．不等式 (K) が満たされるとき，

$$k_1^2 \leqq (w_1+c_1)^2 < (k_1+1)^2,$$

$$k_2^2 \leqq (w_2+c_2)^2 < (k_2+1)^2, \cdots, k_\tau^2 \leqq (w_\tau+c_\tau)^2 < (k_\tau+1)^2$$

となりますから，不等式

$$k_1^2+k_2^2+\cdots+k_\tau^2 \leqq (w_1+c_1)^2+(w_2+c_2)^2+\cdots$$

$$+(w_\tau+c_\tau)^2 < (k_1+1)^2+(k_2+1)^2+\cdots+(k_\tau+1)^2$$

が得られます．それゆえ，$k_1, k_2, \cdots, k_\tau$ のすべてが 0 になる場合を除外すると，不等式

$$\frac{1}{(w_1+c_1)^2+(w_2+c_2)^2+\cdots+(w_\tau+c_\tau)^2}$$

$$\leqq \frac{1}{k_1^2+k_2^2+\cdots+k_\tau^2}$$

が成立し，これより

$$\frac{1}{\Omega^\mu} \leqq \frac{1}{(k_1^2+k_2^2+\cdots+k_\tau^2)^\mu}$$

となります．したがって，部分級数 $(0,0,\cdots,0)$ は除いて，部分級数 $(k_1, k_2, \cdots, k_\tau)$ の項はどれもみな $\dfrac{1}{(k_1^2+k_2^2+\cdots+k_\tau^2)^\mu}$ をこえることはありません．そうしてこの部分級数をつくる項の個数は定数 C より大きくなることはないのですから，この部分級数のすべての項の和は $\dfrac{C}{(k_1^2+k_2^2+\cdots+k_\tau^2)^\mu}$ より大きくはなりません．この帰結は $(0,0,\cdots,0)$ のみを除いてすべての部分級数にあてはまります．そこで，級数 $\sum \dfrac{1}{\Omega^\mu}$ を部分級数 $(0,0,\cdots,0)$ と残るすべての部分級数の総和に分けて，後者の総和に対して先ほど見出された帰結を適用すると，

$$\sum \frac{1}{\Omega^\mu} = \sum (k_1, k_2, \cdots, k_\tau)$$

$$= (0,0,\cdots,0) + \sum (k_1, k_2, \cdots, k_\tau)\dagger(0,0,\cdots,0)$$

$$\leqq (0,0,\cdots,0) + C\sum \frac{1}{(k_1^2+k_2^2+\cdots+k_\tau^2)^\mu}$$

となります．ここで，ダガーマーク「†」は $(0,0,\cdots,0)$ を除外す

ることを指示する記号です.

部分級数 $(0, 0, \cdots, 0)$ を構成する項の個数は有限で，C をこえません．また，級数 $\sum \dfrac{1}{(k_1^2 + k_2^2 + \cdots + k_\tau^2)^\mu}$ において，指数 k_1, $k_2, \cdots, k_\tau$ は $0, 0, \cdots, 0$ という組合せのみを除いてあらゆる非負整数をとりますが，$\mu > \dfrac{1}{2}\tau$ であれば収束することはすでに示されたとおりです．それゆえ，$\mu > \dfrac{1}{2}\tau$ の場合，級数 $\sum \dfrac{1}{\Omega^\mu}$ は収束します．これで当面の目的が達成されました.

■■ 2 重級数への回帰

アイゼンシュタインは非常に一般的な τ 重級数を取り上げて，その収束性を論じましたが，本来の目的は 2 重級数

$$\sum \frac{1}{\{(am+bn+c)^2 + (a'm+b'n+c')^2\}^\mu}$$

について語ることでした．一般の τ 重級数の場合と記号を合せると，$\tau = 2$ の場合が考えられていることになります．また，4 個の数 a, b, a', b' には，行列式

$$\begin{vmatrix} a & b \\ a' & b' \end{vmatrix} = ab' - ba'$$

が 0 ではないという条件が課されます．この条件は既出ですが，前に語られたときは，商 $\dfrac{\alpha}{\beta}$ が**実数**ではないという形で言い表されました．言葉は違っても語られていることは同等です．実際，$\alpha = a + a'i$, $\beta = b + b'i$ と置いて商の計算を実行すると，

$$\frac{\alpha}{\beta} = \frac{a+a'i}{b+b'i} = \frac{(a+a'i)(b-b'i)}{b^2+b'^2}$$

$$= \frac{ab+a'b'}{b^2+b'^2} - i \cdot \frac{ab'-a'b}{b^2+b'^2}$$

と変形が進み，この商が実数ではないことは $ab'-a'b \neq 0$ と同等であることが明らかになります．

前に級数 $\sum \dfrac{1}{u^{\mu}}$ から適宜有限個の項を除去して級数 $\sum' \dfrac{1}{u^{\mu}}$ をつくりましたが，τ 重級数の収束性をめぐって明るみにだされたことにより，$\mu > 1$ なら級数

$$\sum' \frac{1}{\{(am+bn+c)^2+(a'm+b'n+c')^2\}^{\mu}}$$
$$= \sum' \frac{1}{M(u)^{2\mu}}$$

は収束します．したがって，もとの級数 $\sum' \dfrac{1}{u^{\mu}}$ の各項を絶対値に置き換えて得られる級数 $\sum' \dfrac{1}{M(u)^{\mu}}$ は $\dfrac{\mu}{2} > 1$ のとき，言い換えると $\mu > 2$ なら収束します．もとの級数 $\sum' \dfrac{1}{u^{\mu}}$ もまた $\mu > 2$ であれば収束し，それと有限個の違いしかない級数 $\sum \dfrac{1}{u^{\mu}}$ も収束します．この場合の収束は項の順序に依存することがありません．

■■ 第 2 の課題に向う

大掛かりな議論が一段落しましたので，ここでひとまず出発点に立ち返ってみたいと思います．アイゼンシュタインの目標は無限積

$$\prod \left(1-\frac{x}{u}\right)$$

の収束性を考察することでした．x を固定して $M(u) \leqq M(x)$ という条件を課すと，これを満たす因子 $1-\dfrac{x}{u}$ は有限個しかありませんから，まずそれらを除外し，残される因子の積を

$$\prod{}'\left(1-\frac{x}{u}\right)$$

と表記しました．次に，この無限積の対数をとると，無限級数

(1) $\qquad -x\sum{}'\frac{1}{u}-\frac{x^2}{2}\sum{}'\frac{1}{u^2}-\frac{x^3}{3}\sum{}'\frac{1}{u^3}-\frac{x^4}{4}\sum{}'\frac{1}{u^4}-\cdots$

が現れます．x に関する無限冪級数ですが，x のさまざまな冪の係数もまた無限級数になっています．そこでアイゼンシュタインは x の係数 $\sum{}'\frac{1}{u}$ と x^2 の係数 $\sum{}'\frac{1}{u^2}$ の考察はあとまわしにして，まず $\mu>2$ の場合には $\sum{}'\frac{1}{u^\mu}$ は絶対収束することを示しました．これで課題のひとつが解決されました．

　x の冪の収束に留まらず，級数 (1) それ自体が収束することを考えていくことが要請されています．x の係数と x^2 の係数についてはあとまわしにして，x の冪級数 (1) の第3項から先の級数

$$-\frac{x^3}{3}\sum{}'\frac{1}{u^3}-\frac{x^4}{4}\sum{}'\frac{1}{u^4}-\cdots$$

が絶対収束することを，アイゼンシュタインは示そうとしています．収束性に関するかぎり，各項の係数に見られる数値乗法子 $\frac{1}{3},\frac{1}{4},\frac{1}{5},\cdots$ は削除してもさしつかえありません．そのうえでアイゼンシュタインは各項の絶対値をとって，級数

$$(M(x))^3 M\left(\sum{}'\frac{1}{u^3}\right)+(M(x))^4 M\left(\sum{}'\frac{1}{u^4}\right)+(M(x))^5 M\left(\sum{}'\frac{1}{u^5}\right)+\cdots$$

をつくりました．この級数が収束することを示すのが第2の課題です．

第 7 章

多重級数の収束性の検討 _(続)
第 2 の課題と第 3 の課題

■■ 第 2 の課題

多重級数の収束性の検討にあたり，級数

$$(M(x))^3 M\left(\sum{}' \frac{1}{u^3}\right)+(M(x))^4 M\left(\sum{}' \frac{1}{u^4}\right)+(M(x))^5 M\left(\sum{}' \frac{1}{u^5}\right)+\cdots$$

が収束することを確認する作業が第 2 の課題として提示されました．この級数の一般項は

$$M(x)^\mu M\left(\sum{}' \frac{1}{u^\mu}\right)$$

という形です．ここで，μ は 3 から無限大にいたるあらゆる正整数にわたって移っていきます．不等式

$$M\left(\sum{}' \frac{1}{u^\mu}\right)<\sum{}' \frac{1}{M(u)^\mu}$$

が成立することを想起すると，一般項 $M(x)^\mu M\left(\sum{}' \frac{1}{u^\mu}\right)$ において $M\left(\sum{}' \frac{1}{u^\mu}\right)$ を $\sum{}' \frac{1}{M(u)^\mu}$ に置き換えて項

$$M(x)^\mu \sum{}' \frac{1}{M(u)^\mu}$$

をつくり，これを一般項とする級数が収束することを示せば十分です．そのためにアイゼンシュタインはこの級数の隣り合う 2

項の比，すなわち第 $\mu+1$ 番目の項を第 μ 番目の項で割って商をつくりました．μ が限りなく増大するのに応じて，その商が1よりも小さい極限に向って収束していくことが確認されたなら，上記の級数の収束は保証されます．

和 $\sum' \dfrac{1}{M(u)^\mu}$ における記号 $\sum'$ の意味を思い返すと，これにより指数 m, n のとりうる数値に制限が課されていることが示されているのでした（第5章参照）．その制限は不等式 $M(u) > M(x)$ により規定され，この制限を受けない指数 m, n は存在するとしても高々有限個にとどまります．この制限のもとで $M(u)$ のとりうるさまざまな値のうち，最小の値を M_0 で表すと，既述のように等式 $M(u) = M_0$ を満たす m, n の組合せの個数は有限です．そこでそのような組合せの個数を C で表します．次に，$M(u)$ のとりうる値のうち，M_0 の次に小さいもの，言い換えると，不等式 $M(u) > M_0$ を満たす m, n のあらゆる組合せに対する $M(u)$ の値のうち最小のものを M_1 で表します．これで3個の数値 $M(x), M_0, M_1$ が定まりました．これらは不等式

$$M(x) < M_0 < M_1$$

を満たします．

級数 $\sum' \dfrac{1}{M(u)^\mu}$ をつくる諸項のうち，$M(u) = M_0$ となるものは C 個あります．それらを取り分けて

$$\sum' \frac{1}{M(u)^\mu} = \frac{C}{M_0^\mu} + \sum'' \frac{1}{M(u)^\mu}$$

という形に表記します．右辺の和 $\sum'' \dfrac{1}{M(u)^\mu}$ において，指数 m, n は $M(u) \geqq M_1$，したがって不等式

$$\frac{1}{M(u)} \leqq \frac{1}{M_1}$$

を満たすすべての整数値にわたっています．2より大きい数

ν（たとえば $\nu = 3$）を選定し，μ は $\mu - \nu$ が正となるような数
（$\nu = 3$ と定めた場合であれば $\mu > 3$ となるもの）として，上記の
不等式の両辺の $\mu - \nu$ 次の冪をつくると，

$$\frac{1}{M(u)^{\mu - \nu}} \leqq \frac{1}{M_1^{\mu - \nu}}$$

となり，さらに両辺に $\dfrac{1}{M(u)^\nu}$ を乗じると，不等式

$$\frac{1}{M(u)^\mu} \leqq \frac{1}{M_1^{\mu - \nu}} \cdot \frac{1}{M(u)^\nu}$$

となります．そこで総和をつくると，

$$\sum{}'' \frac{1}{M(u)^\mu} \leqq \frac{1}{M_1^{\mu - \nu}} \cdot \sum{}'' \frac{1}{M(u)^\nu}$$

という不等式が得られます．既述のように（第 1 の課題の解
決），右辺に見られる級数 $\displaystyle\sum{}'' \frac{1}{M(u)^\nu}$ は収束し，ある一定の数
値を表していて，しかもその数値は μ の選定の仕方には依存し
ません．

　ここまでの手順を総合すると $\displaystyle\sum \frac{1}{M(u)^\mu}$ の上限が見出だされ
ます．実際，固定された $\mu (> 2)$ に対し，定数

$$M_1^\nu \sum{}'' \frac{1}{M(u)^\nu}$$

たとえば，$\nu = 3$ を選んだ場合には定数

$$M_1^3 \sum{}'' \frac{1}{M(u)^3}$$

を δ で表すことにすると，不等式

$$\sum{}' \frac{1}{M(u)^\mu} < \frac{C}{M_0^\mu} + \frac{\delta}{M_1^\mu}$$

が成立します．こうして $\displaystyle\sum{}' \frac{1}{M(u)^\mu}$ の上方の限界が指定されま
した．$\displaystyle\sum{}' \frac{1}{M(u)^\mu}$ の下限として $\dfrac{C}{M_0^\mu}$ を採用することができる

のは明白ですから，上限と合せて不等式

$$\frac{C}{M_0^{\mu}} < \sum\nolimits' \frac{1}{M(u)^{\mu}} < \frac{C}{M_0^{\mu}} + \frac{\delta}{M_1^{\mu}}$$

が手に入ります．μ を $\mu+1$ に置き換えれば，不等式の形は

$$\frac{C}{M_0^{\mu+1}} < \sum\nolimits' \frac{1}{M(u)^{\mu+1}} < \frac{C}{M_0^{\mu+1}} + \frac{\delta}{M_1^{\mu+1}}$$

というふうになります．これらの二つの不等式により隣り合う 2 項の比

$$\frac{\displaystyle\sum\nolimits' \frac{1}{M(u)^{\mu+1}}}{\displaystyle\sum\nolimits' \frac{1}{M(u)^{\mu}}}$$

の上限と下限が指定されます．割り算を実行して形を整えると，上限は

$$\frac{C + \delta\left(\dfrac{M_0}{M_1}\right)^{\mu+1}}{CM_0}$$

と表記され，下限は

$$\frac{C}{CM_0 + \delta M_0\left(\dfrac{M_0}{M_1}\right)^{\mu}}$$

と表記されます．$M_0 < M_1$ により，μ が限りなく増大するとき，これらの上限と下限はともに $\dfrac{C}{CM_0} = \dfrac{1}{M_0}$ に収束します．これで，比

$$\frac{\displaystyle\sum\nolimits' \frac{1}{M(u)^{\mu+1}}}{\displaystyle\sum\nolimits' \frac{1}{M(u)^{\mu}}}$$

もまた同じ極限値 $\dfrac{1}{M_0}$ に収束することがわかりました．

　最初に提示された課題に立ち返ると，示さなければならないのは，

$$M(x)^\mu \sum{}' \frac{1}{M(u)^\mu}$$

を一般項とする級数が収束することでした．ところがこの級数の隣り合う 2 項の比は

$$M(x) \times \frac{\sum{}' \dfrac{1}{M(u)^{\mu+1}}}{\sum{}' \dfrac{1}{M(u)^\mu}}$$

ですから，μ が限りなく増大するとき極限値 $\dfrac{M(x)}{M_0}$ に収束し，しかも $M_0 > M(x)$ によりこの極限値は 1 より小さいことがわかります．これで提示された級数は収束することが明らかになりました．

第 2 の課題はこれで解決されました．

■■■ もうひとつの収束判定法

$\displaystyle\sum{}' \frac{1}{M(u)^\mu}$ を一般項とする級数の収束判定法として，この一般項の μ 次の冪根を考察する手段も広く知られています．この冪根は μ の増大に伴って極限値 $\dfrac{1}{M_0}$ に収束するとアイゼンシュタインは語っていますが，この計算は省略されています．

■■■ 第 3 の課題

第 1 課題と第 2 課題の解決に続いて，アイゼンシュタインは第 3 の課題へと歩を進め，考察の対象として二つの級数 $\displaystyle\sum{}' \frac{1}{u}$ と $\displaystyle\sum{}' \frac{1}{u^2}$ を取り上げました．これらの級数は絶対収束することはなく，諸項を加える順序に依存して収束したりしなかったり

するという現象に出会います．級数の和ということが非常に考えにくくなり，注意深い取り扱いが必要になります．収束性を考えていくうえで無関係な諸項をあらかじめ除去しておくという方針はここでも生きていますが，これまでのところで採用された $M(u)>M(x)$ という条件に代って，アイゼンシュタインは新たに

$$M(\alpha m+\beta n)>M(\gamma)$$

という条件を設定しました．以前の条件と比べると，この新たな条件のもとでは除去される項が入れ代り，従来の条件下では削除されていた項が復活することもあれば，従来は残されていた項が今度は削除されたりするという状況が見られます．ではありますが，復活する項も削除される項もどちらも有限個にすぎませんから，収束性の考察に影響が及ぼされることはありません．

　条件　$M(\alpha m+\beta n)>M(\gamma)$ のもとで $\dfrac{1}{\alpha m+\beta n+\gamma}$ と

$\dfrac{1}{(\alpha m+\beta n+\gamma)^2}$ は γ の収束する冪級数に展開されて，

$$\frac{1}{\alpha m+\beta n+\gamma}=\frac{1}{\alpha m+\beta n}-\frac{\gamma}{(\alpha m+\beta n)^2}+\frac{\gamma^2}{(\alpha m+\beta n)^3}-\cdots$$
$$\frac{1}{(\alpha m+\beta n+\gamma)^2}=\frac{1}{(\alpha m+\beta n)^2}-\frac{2\gamma}{(\alpha m+\beta n)^3}+\frac{3\gamma^2}{(\alpha m+\beta n)^4}-\cdots$$

と表示されます．これらを $\sum'\dfrac{1}{u}$ と $\sum'\dfrac{1}{u^2}$ に代入すると，γ に関する冪級数が出現します．その冪級数の係数は一般に

$$\sum\frac{1}{(\alpha m+\beta n)^\mu}$$

という形の級数で，$\mu>2$ であれば絶対収束し，諸項を加える順序に依存することはありません．収束性の検討が要請されるのは二つの級数 $\sum\dfrac{1}{\alpha m+\beta n}$ と $\sum\dfrac{1}{(\alpha m+\beta n)^2}$ だけで，この形の

級数は $\sum' \frac{1}{u}$ の展開式には二つとも現れ，$\sum' \frac{1}{u^2}$ の展開式には
ひとつだけ現れます．ここで，一般に収束する級数に対し，諸
項の並べ替えにより別の収束級数に移行したときの和の値の差
分を総和記号 $\sum', \sum$ の前に $\triangledown$ という記号を添えて表示する
ことにします．$\mu > 2$ のとき，級数 $\sum \frac{1}{(\alpha m + \beta n)^\mu}$ は絶対収束
し，諸項の配列をどのように変えてもつねに同じ和をもちます
から，$\triangledown \sum \frac{1}{(\alpha m + \beta n)^\mu} = 0$ と置くことになります．したがって，

$$\triangledown \sum' \frac{1}{u} = \triangledown \sum \frac{1}{\alpha m + \beta n} - \gamma \triangledown \sum \frac{1}{(\alpha m + \beta n)^2}$$

$$\triangledown \sum' \frac{1}{u^2} = \sum \frac{1}{(\alpha m + \beta n)^2}$$

という表記が成立します．また，$m = 0, n = 0$ という指数の組合
せはあらかじめ除外しておくものとします．このように定めた
うえで，

$$p = \triangledown \sum' \frac{1}{u}, \ q = \triangledown \sum' \frac{1}{u^2}$$

$$\triangledown \sum \frac{1}{\alpha m + \beta n} = a, \ \triangledown \sum \frac{1}{(\alpha m + \beta n)^2} = b$$

と表示することにすると，

$$p = a - b\gamma, \ q = b$$

となり，積 $\prod \left(1 - \frac{x}{u}\right)$ の対数の差分は

$$-(a - b\gamma)x - \frac{1}{2}bx^2 = -ax - \frac{1}{2}bx^2 + b\gamma x$$

と表されます．したがって，この積が収束するように諸因子が
配列されているとして，配列の順序を変えたときにも収束する
積に移るとき，

$$e^{-(a-b\gamma)x - \frac{1}{2}bx^2}$$

という形の因子が新たに発生することになります．ここで，二

つの定数 a, b は α と β のみににより定められ, x にも γ にも依存することはありません.

■■ 2 種類の指数変換

　アイゼンシュタインは 2 種類の指数変換を提示しました. 第 1 種変換はいわば平行移動で, 二つの正数 λ と ν を選定して, 等式

$$m = m' + \lambda, \ n = n' + \nu$$

により定めます. 逆に, m', n' は m, n を用いて

$$m' = m - \lambda, \ n' = n - \nu$$

により定まります.

　もうひとつの第 2 種変換は

$$m = \lambda m' + \mu n'$$
$$n = \nu m' + \rho n'$$

により定められます. ここで, 係数 λ, μ, ν, ρ は整数で, 条件

$$\lambda \rho - \mu \nu = \varepsilon = \pm 1$$

が課されています. アイゼンシュタインは 4 個の係数を

$$\begin{pmatrix} \lambda, & \mu \\ \nu, & \rho \end{pmatrix}$$

というふうに今日の線型代数に見られる行列のような形に配列し, これを「変換系（Transformationssystem）」と呼び, $\lambda \rho - \mu \nu$ は Determinante と呼んでいます. Determinante は訳しにくい言葉ですが, 変換系の性格の核心に触れる数値というほどの意味合いで用いられているような印象があり, それなら「（変換系の）決定因子」と呼ぶのもよさそうです. 今日の線型代数の語法では, 変換系を行列と呼ぶのに呼応して「行列式」という訳語が定着しています. m', n' は m, n により

$$m' = \frac{\rho m - \mu n}{\lambda\rho - \mu\nu} = \varepsilon\rho m - \varepsilon\mu n,$$

$$n' = \frac{-\nu m + \lambda n}{\lambda\rho - \mu\nu} = -\varepsilon\nu m + \varepsilon\lambda n$$

と表されます．特別の場合として $\lambda=0$, $\mu=1$, $\nu=1$, $\rho=0$ と
定めると $m=n'$, $n=m'$ という変換が現れますが，これは通常
Vertauschung（交換）と呼び習わされているとアイゼンシュタイ
ンは言い添えました．また，決定因子 $\lambda\rho-\mu\nu=\pm1$ の符号に応
じて指数変換を2種類に区分けして，$\lambda\rho-\mu\nu=+1$ なら正式変
換，$\lambda\rho-\mu\nu=-1$ なら非正式変換と呼んでいます．「正式」，「非
正式」の原語はそれぞれ eigentlich, uneigentlich です．このあ
たりの用語はガウスの D.A. に見られる2次形式論にならったの
であろうと思われます．

積 $\prod\left(1-\frac{x}{u}\right)$ の対数を展開するときに発生するさまざまな級
数はどれもみな

$$\sum f(\alpha m + \beta n + \gamma) = \sum f(u)$$

という形であり，積そのものは $\prod f(\alpha m+\beta n+\gamma) = \prod f(u)$ と
いう形です．これらの級数が絶対収束して諸項の順序に依存す
ることなく和が確定する場合には，第1種の指数変換（平行移
動．92頁参照）を行っても和が変化することはありません．そ
うしてこの変換により $\alpha m+\beta n+\gamma$ は $\alpha m'+\beta n'+\gamma+\lambda\alpha+\nu\beta$ に移
りますから，

$$\gamma' = \gamma + \lambda\alpha + \nu\beta$$

と置くと，等式

$$\sum f(\alpha m + \beta n + \gamma) = \sum f(\alpha m' + \beta n' + \gamma')$$

が成立します．左辺の和は γ の関数，右辺の和は γ' の関数です
が，まったく同じ関数です．左辺の関数を $F(\gamma)$ と表記して等式

$$F(\gamma) = F(\gamma + \lambda\alpha + \nu\beta)$$

を書けば一段と鮮明に諒解されるように，この関数には γ が α と β がそれぞれ任意の（正負の）倍数だけ増加しても変化することがないという性質が備わっています．これを言い換えると，この γ の関数は **2 重周期関数**であるということにほかなりません．

　アイゼンシュタインは α と β のように周期性の基準を示す数値を**周期モジュール**（**Modul der Periodicität**）と呼びました．ヤコビは 1835 年の論文

「アーベル的超越物の理論が依拠する 2 個の変化量の 4 重周期関数について」

（『クレルレの数学誌』，第 13 巻，55-78 頁，1835 年）

において一般的な視点に立って周期関数を考察したおりに，**指数**（**Index**）という言葉を提案していますが，アイゼンシュタインは Index より Modul のほうがよいという所見を表明し，その論拠をガウスが D.A. において数論の場で提案した数の合同の概念に求めています．ガウスは二つの数がある数に関して合同であったりなかったりするという現象を語り，合同の基準を示すものさしの役割を果す数をモジュールと呼びました．あるモジュールに関する合同式が提示されたとき，両辺にモジュールの倍数を加えても引いても合同式は不変に保たれますが，その性質と 2 重周期関数の場合に α と β に備わっている性質はとてもよく似ています．

　アイゼンシュタインによると，ガウスは周期関数を考える場において実際にモジュールという言葉を用いたことがあるとのこと．印刷されて公表されたガウスの著作にそのような使用例が見られるわけではありませんが，アイゼンシュタインがガウスから受け取った手紙でレムニスケート関数が語られたことがあり，アイゼンシュタインが提案したのと同じ意味合いにおいてモジュールという言葉が用いられていたということです．

■■ 級数 $\sum \dfrac{1}{(\alpha m+\beta n)^p}$ $(p=1,2)$ の収束をめぐって

絶対収束しない級数 $\sum \dfrac{1}{\alpha m+\beta n}$ と $\sum \dfrac{1}{(\alpha m+\beta n)^2}$ の和は諸項の順序に依存しますから，指数の変換に由来する上記の帰結はこれらの級数には適用されませんが，これらの級数が指数の変換により受けることになる値の差分を調べることはできます．

アイゼンシュタインは前者の級数 $\sum \dfrac{1}{\alpha m+\beta n}$ の一般項を

$$\varphi(m,n) = \frac{1}{\alpha m+\beta n+\gamma}$$

と表記して，有限2重級数

$$\sum_{m=-k}^{m=k} \sum_{n=-l}^{n=l} \varphi(m,n)$$

をつくりました．そうしてまずはじめに k が限りなく増大し，続いて l が限りなく増大するという状況のもとで極限値を探索し，その極限値の数値をもって級数 $\sum \dfrac{1}{\alpha m+\beta n}$ の和と見るという方針を立てました．この極限値が見つかったなら，そのとき γ の関数が定まります．第1種の指数変換（92頁，「2種類の指数変換」参照）を行うと新たな級数が生じますが，その級数が γ の関数と同一の γ' の関数であることを要請すると，それは有限2重級数

$$\sum_{m'=-k}^{m'=k} \sum_{n'=-l}^{n'=l} \varphi(m'+\lambda, n'+\nu) = \sum_{m=-k}^{m=k} \sum_{n=-l}^{n=l} \varphi(m+\lambda, n+\nu)$$

の極限と見なければなりません．しかもこの有限2重級数は

$$\sum_{m=-k+\lambda}^{m=k+\lambda} \sum_{n=-l+\nu}^{n=l+\nu} \varphi(m,n)$$

と表されますが，ここにおいてまず k が限りなく増大し，続いて l が限りなく増大するとき，この級数は収束しなければなりません．これで二つの極限値が定められました．ひとつは有限

2 重級数

$$\sum_{m=-k}^{m=k} \sum_{n=-l}^{n=l} \varphi(m, n)$$

の極限値，もうひとつは有限 2 重級数

$$\sum_{m=-k+\lambda}^{n=k+\lambda} \sum_{n=-l+\nu}^{n=l+\nu} \varphi(m, n)$$

の極限値です．極限に移行する道筋はどちらも同じで，まず k が無限大に向い，次に l が無限大に向うという順序です．このように規定された二つの極限値の差を表示するのに用いられるのが ∇ という記号です．

■■ 差 $\nabla \sum \dfrac{1}{\alpha m + \beta n + \gamma}$ の算出

　二つの有限 2 重級数における m と n の変域を観察すると，重なる部分があります．座標系の力を借りて変域を図解すると状況の把握が容易になります．平面上に直交する 2 本の直線を引き，一方を m 軸，もう一方を n 軸と見ると，m と n の組合せはこの直交座標系の格子点により表示されます．【図1】には二つの長方形が描かれています．

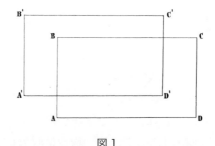

図 1

長方形 $ABCD$ の頂点の座標は

$$A(-k,-l),\ B(-k,l),\ C(k,l),\ D(k,-l)$$

と表示され，2重無限積 $\displaystyle\sum_{m=-k}^{m-k}\sum_{n=-l}^{n-l}\varphi(m,n)$ において m, n のとりうる組合せはこの長方形内の格子点で表されます．また，長方形 $A'B'C'D'$ の頂点は

$$A'(-k+\lambda,-l+\nu),\ B'(-k+\lambda,l+\nu),$$
$$C'(k+\lambda,l+\nu),\ D'(k+\lambda,-l+\nu)$$

と表示され，2重無限積 $\displaystyle\sum_{m=-k+\lambda}^{m=k+\lambda}\sum_{n=-l+\nu}^{n=l+\nu}\varphi(m,n)$ において m, n のとりうる組合せはこの長方形内の格子点で表されます．この図には $\lambda<0, \nu>0$ の場合の状況が図示されていますが，$\lambda>0, \nu>0$ となる場合，$\lambda<0, \nu<0$ となる場合，それに $\lambda>0, \nu<0$ となる場合があります．いずれにしても二つの長方形は小さな長方形を共有しています．【図2】では長方形 $EBFD'$ が該当し，不等式

$$-k \leqq m \leqq k+\lambda,\ -l+\nu \leqq n \leqq l$$

により表示されます．

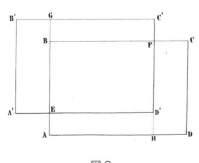

図2

差 ∇ を考えていく際にはこの長方形内の格子点に対応する m と n の組合せは相殺されますから，二つの四角形が重ならない

部分内の格子点に対応する m, n のみを考えればよいことになります．【図2】で見ると，その部分は4個の長方形 $A'B'GE$, $BGC'F$, $HFCD$, $AED'H$ で表されています．これらの長方形内の格子点のみに着目して図式的に書き表すと，

$$\nabla = A'B'GE + BGC'F - HFCD - AED'H$$

となります．正確な表示ではありませんが，状況はこれでよく伝わってきます．

　n を固定して，k が限りなく増大していくときの ∇ の挙動を知りたいのですが，固定された n の大きさに応じて2通りの場合を区別します．$\lambda < 0, \nu > 0$ の場合に【図2】に沿って考えていくと，n のとりうる数値は不等式 $-l \leqq n \leqq l+\nu$ で指定される範囲におさまり，∇ は $2l+\nu+1$ 個の級数の集りになりますが，$-l+\nu < n < l$ となる n に対応する級数

$$\sum_{m=-k+\lambda}^{m=-k} \frac{1}{\alpha m + \beta n + \gamma} + \sum_{m=k+\lambda}^{m=k} \frac{1}{\alpha m + \beta n + \gamma}$$

は k が限りなく増大するとき極限値0に収束します．なぜなら，級数 $\displaystyle\sum_{m=-k}^{m=k} \frac{1}{\alpha m + \beta n + \gamma}$ は限りなく増大する k に伴って収束するからです．

　$-l \leqq n < -l+\nu$ および $l < n \leqq l+\nu$ となる n に対応する級数については別の視点から考察していく必要があります．

第 8 章

第 1 種指数変換の効果の観察

■■■ 余接関数の部分分数展開

　アイゼンシュタインが論文に掲示している図を参照しながら，当面の課題の解明を進めたいと思います．アイゼンシュタインの図に適宜諸記号を記入して図 1 を描きました．

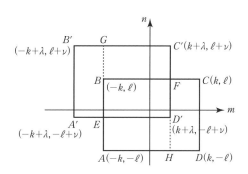

図 1

　差分 $\nabla \sum \dfrac{1}{\alpha m + \beta n + \gamma}$ の算出をめざして計算を続けているところですが，前章までのところで $-\ell + \nu \leqq n \leqq \ell$ となる n に対応する級数については，k が限りなく増大するのに伴って極限値 0 に収束することが確認されました．そこで，検討しなければな

らないのは，n が不等式 $-\ell \leq n < -\ell + \nu$ および $\ell < n \leq \ell + \nu$ を満たす場合です．このような n を固定して m に関する和を考えていくことになりますが，$\ell < n \leq \ell + \nu$ の場合には和

$$\sum_{m=-k+\lambda}^{m=k+\lambda} \frac{1}{\alpha m + \beta n + \gamma}$$

をつくり，$-\ell \leq n < -\ell + \nu$ の場合には和

$$\sum_{m=-k}^{m=k} \frac{1}{\alpha m + \beta n + \gamma}$$

をつくります．そのうえで k が限りなく増大するときの極限値を算出し，それらの差（前者の極限値から後者の極限値を引きます）を求めるという手順で計算が進みます．

　n が不等式 $\ell < n \leq \ell + \nu$ を満たす場合には，$n = \ell + t\,(0 < t \leq \nu)$，$\xi = \beta t + \gamma$ と置くと，$\alpha m + \beta n + \gamma = \alpha m + \beta \ell + \xi$ と表示され，ξ は ν 個の数値を受け入れます．同様に，$-\ell \leq n < -\ell + \nu$ の場合には $n = -\ell + t$ と置くと，$\alpha m + \beta n + \gamma = \alpha m - \beta \ell + \beta t + \gamma$ となります．そこで $\xi = \beta t + \gamma\,(0 \leq t \leq \nu - 1)$ と置くと，この式は $\alpha m - \beta \ell + \xi$ と表示されます．ここで，ξ はやはり ν 個の数値を受け入れます．これで，求めなければならない級数の和は

$$\sum_{m=-\infty}^{m=\infty} \frac{1}{\alpha m \pm \beta \ell + \xi}$$

という形になりました．この和を算出し，それから $\ell = \infty$ とするときの極限値を求めるという手順を踏むのがここから先の営為です．

　アイゼンシュタインは「よく知られている式」によりと前置きしたうえで，上記の和を複素指数関数により表示する式

$$\sum_{m=-\infty}^{m=\infty} \frac{1}{\alpha m \pm \beta \ell + \xi} = \frac{\pi}{\alpha} \cotang \frac{\pm \beta \ell + \xi}{\alpha} \pi$$

$$= \frac{\pi i}{\alpha} \cdot \frac{e^{\frac{\pm \beta \ell + \xi}{\alpha} \cdot \pi i} + e^{-\frac{\pm \beta \ell + \xi}{\alpha} \cdot \pi i}}{e^{\frac{\pm \beta \ell + \xi}{\alpha} \cdot \pi i} - e^{-\frac{\pm \beta \ell + \xi}{\alpha} \cdot \pi i}}$$

を書きました．この式の由来が気に掛かりますが，オイラーの
著作『無限解析序説』(全 2 巻．1748 年) の第 1 巻，第 11 章「弧
と正弦の他の無限表示式」に

$$\mathrm{cot}.\,\frac{m}{2n}\pi = \frac{2n}{m\pi} - \frac{4mn}{\pi}\left(\frac{1}{4n^2-m^2} + \frac{1}{16n^2-m^2} + \frac{1}{36n^2-m^2} + \cdots\right)$$

という式が記されています (同書，第 198 条．余接関数をアイ
ゼンシュタインは cotang，オイラーは cot. と表記しています)．
$z = \frac{m\pi}{2n}$ と置き，m は固定して n は 1 から ∞ まで変動する整数
値とするとき，$k = 1, 2, 3, \cdots$ に対し，

$$-\frac{4mn}{\pi}\cdot\frac{1}{(2k)^2 n^2 - m^2} = \frac{2n}{\pi}\left(\frac{1}{m-2kn} + \frac{1}{m+2kn}\right)$$
$$= \frac{1}{\frac{m\pi}{2n}-k\pi} + \frac{1}{\frac{m\pi}{2n}+k\pi}$$
$$= \frac{1}{z-k\pi} + \frac{1}{z+k\pi}$$

と式変形が進みます．これによりオイラーが書き留めた等式は

$$\mathrm{cot}.\,z = \frac{1}{z} + \sum_{n=1}^{\infty}\left(\frac{1}{z-n\pi} + \frac{1}{z+n\pi}\right)$$
$$= \frac{1}{z} + 2z\sum\frac{1}{z^2-n^2\pi^2}$$

という形になりますが，これは高木貞治先生の著作『定本 解析
概論』，第 5 章「解析函数，とくに初等函数」に記載されている
等式にほかなりません (同書, 252 頁参照．高木先生は余接関
数をオイラーの表記の cot. の末尾のピリオドを削除して cot と
表記しています)．『定本 解析概論』では完成の域に達した複素
変数関数論に基づいてこの等式がさらさらと導かれていますが，
オイラーはオイラーで独自に開発した手法により三角関数や対
数関数などを表示する力のある多種多様な等式を知っていまし
た．上記の余接関数の展開式もそのひとつですし，アイゼンシ
ュタインの時代には数学にこころを寄せる人びとの間に広く行き
渡っていたことと思われます．

『定本 解析概論』に見られる等式を

$$\cot z = \frac{1}{z} + \sum_{m=-\infty, m\neq 0}^{m=\infty} \frac{1}{z+m\pi}$$

と表記し，この等式において $z = \dfrac{\pm\beta\ell+\xi}{\alpha}\pi$ と置くと，cot を cotang と書くことにして，

$$\begin{aligned}
\text{cotang}\frac{\pm\beta\ell+\xi}{\alpha}\pi &= \frac{\alpha}{(\pm\beta\ell+\xi)\pi} + \sum_{m=-\infty, m\neq 0}^{m=\infty} \frac{1}{\frac{\pm\beta\ell+\xi}{\alpha}\pi+m\pi} \\
&= \frac{\alpha}{(\pm\beta\ell+\xi)\pi} + \frac{1}{\pi}\sum_{m=-\infty, m\neq 0}^{m=\infty} \frac{\alpha}{\alpha m\pm\beta\ell+\xi} \\
&= \frac{\alpha}{\pi}\left(\frac{1}{\pm\beta\ell+\xi} + \sum_{m=-\infty, m\neq 0}^{m=\infty} \frac{1}{\alpha m\pm\beta\ell+\xi}\right) \\
&= \frac{\alpha}{\pi}\sum_{m=-\infty}^{m=\infty} \frac{1}{\alpha m\pm\beta\ell+\xi}
\end{aligned}$$

となります．これより

$$\sum_{m=-\infty}^{m=\infty} \frac{1}{\alpha m\pm\beta\ell+\xi} = \frac{\pi}{\alpha}\text{cotang}\frac{\pm\beta\ell+\xi}{\alpha}\pi$$

となり，アイゼンシュタインが書いた等式が現れます．アイゼンシュタインはここからなお一歩を進めて

$$\frac{\pi i}{\alpha}\cdot\frac{e^{\frac{\pm\beta\ell+\xi}{\alpha}\cdot\pi i}+e^{-\frac{\pm\beta\ell+\xi}{\alpha}\cdot\pi i}}{e^{\frac{\pm\beta\ell+\xi}{\alpha}\cdot\pi i}-e^{-\frac{\pm\beta\ell+\xi}{\alpha}\cdot\pi i}}$$

という式を書いていますが，これはオイラーの公式と呼ばれている等式 $e^{\pm ix}=\cos x\pm i\sin x$ により導かれます．実際，正弦関数と余弦関数は指数関数を用いて

$$\cos x = \frac{1}{2}(e^{ix}+e^{-ix}),\ \sin x = \frac{1}{2i}(e^{ix}-e^{-ix})$$

と表示されますから，

$$\text{cotang}\,x = \frac{\cos x}{\sin x} = i\frac{e^{ix}+e^{-ix}}{e^{ix}-e^{-ix}}$$

となります．ここで，$x = \dfrac{\pm\beta\ell+\xi}{\alpha}\pi$ と置くと，アイゼンシュタインが書いた式が得られます．このように表示したうえで，観察

しなければならないのは ℓ が限りなく増大するときの挙動です.

■■ 差分 $\triangledown \sum \dfrac{1}{\alpha m+\beta n+\gamma}$ の算出に向う

この表示式は 4 個の指数関数

$$e^{\frac{\beta\ell+\xi}{\alpha}\cdot\pi i},\ e^{\frac{-\beta\ell+\xi}{\alpha}\cdot\pi i},\ e^{\frac{-\beta\ell-\xi}{\alpha}\cdot\pi i},\ e^{\frac{\beta\ell-\xi}{\alpha}\cdot\pi i}$$

で組立てられています. 一般に u,v は実変数として, 指数関数 e^{u+vi} を考えてみます. この関数の絶対値は e^u ですから, u が $-\infty$ に向う場合, すなわち u が限りなく小さくなる場合には関数値は 0 に向い, u が ∞ に向う場合, すなわち限りなく大きくなっていく場合には関数値もまた限りなく大きくなります. この観察を念頭において, 商 $\dfrac{\beta}{\alpha}$ の実部を A, 虚部を B として $\dfrac{\beta}{\alpha}=A+iB$ と表記すると, 上記の 4 個の指数関数値の冪指数の部分は

$$\frac{\beta\ell+\xi}{\alpha}\cdot\pi i=-B\ell\pi+\left(A\ell+\frac{\xi}{\alpha}\right)\pi i,$$
$$\frac{-\beta\ell+\xi}{\alpha}\cdot\pi i=B\ell\pi+\left(-A\ell+\frac{\xi}{\alpha}\right)\pi i,$$
$$\frac{-\beta\ell-\xi}{\alpha}\cdot\pi i=B\ell\pi-\left(A\ell+\frac{\xi}{\alpha}\right)\pi i,$$
$$\frac{\beta\ell-\xi}{\alpha}\cdot\pi i=-B\ell\pi+\left(A\ell-\frac{\xi}{\alpha}\right)\pi i$$

という形になります. したがって, ℓ が限りなく増大するときの 4 個の指数関数の挙動は B の正負に応じて変化します. 具体的に表示すると, $B>0$ の場合には,

$$\lim_{\ell\to\infty}e^{\frac{\beta\ell+\xi}{\alpha}\pi i}=\lim_{\ell\to\infty}e^{-B\ell\pi+\left(A\ell+\frac{\xi}{\alpha}\right)\pi i}=0$$

となりますから, 極限値

$$\lim_{\ell\to\infty}\sum_{m=-\infty}^{m=\infty}\frac{1}{\alpha m+\beta\ell+\xi}=\lim_{\ell\to\infty}\frac{\pi i}{\alpha}\cdot\frac{e^{\frac{\beta\ell+\xi}{\alpha}\cdot\pi i}+e^{-\frac{\beta\ell+\xi}{\alpha}\cdot\pi i}}{e^{\frac{\beta\ell+\xi}{\alpha}\cdot\pi i}-e^{-\frac{\beta\ell+\xi}{\alpha}\cdot\pi i}}$$

$$=\lim_{\ell\to\infty}\frac{\pi i}{\alpha}\cdot\frac{e^{2\times\frac{\beta\ell+\xi}{\alpha}\cdot\pi i}+1}{e^{2\times\frac{\beta\ell+\xi}{\alpha}\cdot\pi i}-1}=-\frac{\pi i}{\alpha}$$

が確定します．$B<0$ の場合には，

$$\lim_{\ell\to\infty}e^{-\frac{\beta\ell+\xi}{\alpha}\cdot\pi i}=\lim_{\ell\to\infty}e^{B\ell\pi-\left(A\ell+\frac{\xi}{\alpha}\right)\pi i}=0$$

となりますから，極限値

$$\lim_{\ell\to\infty}\sum_{m=-\infty}^{m=\infty}\frac{1}{\alpha m+\beta\ell+\xi}=\lim_{\ell\to\infty}\frac{\pi i}{\alpha}\cdot\frac{e^{\frac{\beta\ell+\xi}{\alpha}\cdot\pi i}+e^{-\frac{\beta\ell+\xi}{\alpha}\cdot\pi i}}{e^{\frac{\beta\ell+\xi}{\alpha}\cdot\pi i}-e^{-\frac{\beta\ell+\xi}{\alpha}\cdot\pi i}}$$

$$=\lim_{\ell\to\infty}\frac{\pi i}{\alpha}\cdot\frac{1+e^{-2\times\frac{\beta\ell+\xi}{\alpha}\cdot\pi i}}{1-e^{-2\times\frac{\beta\ell+\xi}{\alpha}\cdot\pi i}}=\frac{\pi i}{\alpha}$$

が確定します．

　同様に計算を進めると，$B>0$ の場合には，

$$\lim_{\ell\to\infty}e^{\frac{\beta\ell-\xi}{\alpha}\cdot\pi i}=\lim_{\ell\to\infty}e^{-B\ell\pi+\left(A\ell-\frac{\xi}{\alpha}\right)\pi i}=0$$

となりますから，極限値

$$\lim_{\ell\to\infty}\sum_{m=-\infty}^{m=\infty}\frac{1}{\alpha m-\beta\ell+\xi}=\lim_{\ell\to\infty}\frac{\pi i}{\alpha}\cdot\frac{e^{\frac{-\beta\ell+\xi}{\alpha}\cdot\pi i}+e^{\frac{\beta\ell-\xi}{\alpha}\cdot\pi i}}{e^{\frac{-\beta\ell+\xi}{\alpha}\cdot\pi i}-e^{\frac{\beta\ell-\xi}{\alpha}\cdot\pi i}}$$

$$=\lim_{\ell\to\infty}\frac{\pi i}{\alpha}\cdot\frac{1+e^{2\times\frac{\beta\ell-\xi}{\alpha}\cdot\pi i}}{1-e^{2\times\frac{\beta\ell-\xi}{\alpha}\cdot\pi i}}=\frac{\pi i}{\alpha}$$

が確定します．$B<0$ の場合には，

$$\lim_{\ell\to\infty}e^{\frac{-\beta\ell+\xi}{\alpha}\cdot\pi i}=\lim_{\ell\to\infty}e^{B\ell\pi+\left(-A\ell+\frac{\xi}{\alpha}\right)\pi i}=0$$

となりますから，極限値

$$\lim_{\ell\to\infty}\sum_{m=-\infty}^{m=\infty}\frac{1}{\alpha m-\beta\ell+\xi}=\lim_{\ell\to\infty}\frac{\pi i}{\alpha}\cdot\frac{e^{\frac{-\beta\ell+\xi}{\alpha}\cdot\pi i}+e^{\frac{\beta\ell-\xi}{\alpha}\cdot\pi i}}{e^{\frac{-\beta\ell+\xi}{\alpha}\cdot\pi i}-e^{\frac{\beta\ell-\xi}{\alpha}\cdot\pi i}}$$

$$=\lim_{\ell\to\infty}\frac{\pi i}{\alpha}\cdot\frac{e^{2\times\frac{-\beta\ell+\xi}{\alpha}\cdot\pi i}+1}{e^{2\times\frac{-\beta\ell+\xi}{\alpha}\cdot\pi i}-1}=-\frac{\pi i}{\alpha}$$

が確定します．（今日の習慣に従って極限記号を $\lim\limits_{\ell\to\infty}$ と表記しましたが，アイゼンシュタインは $\operatorname{Lim}\limits_{\ell=\infty}$ という記号を用いています．）

　$B>0$ のとき $\delta=-1$，$B<0$ のとき $\delta=+1$ と定めると，ここ

までのところで算出された極限値は

$$\lim_{\ell \to \infty} \sum_{m=-\infty}^{m=\infty} \frac{1}{\alpha m \pm \beta \ell + \xi} = \pm \frac{\delta \pi i}{\alpha}$$

と簡潔に表されます. B は $\frac{\alpha}{\beta}$ における i の係数でしたが, $\frac{\beta}{\alpha}$ における i の係数の符号は B と反対になりますから, δ は $\frac{\beta}{\alpha}$ における i の係数の符号の正負に応じて $+1$ もしくは -1 と定められていることになります.

■■ 複素対数関数を経由する計算法

　当面の目標はこれで達成されましたが, アイゼンシュタインはもうひとつの計算法を書き留めています. 級数 $\sum \frac{1}{\alpha m \pm \beta \ell + \gamma}$ の一般項を

$$\frac{1}{\ell} \frac{1}{\alpha \frac{m}{\ell} \pm \beta + \frac{\xi}{\ell}}$$

と変形し, 級数

$$\sum_{m=-\infty}^{m=\infty} \frac{1}{\ell} \frac{1}{\alpha \frac{m}{\ell} \pm \beta + \frac{\xi}{\ell}}$$

において ℓ を限りなく大きくしていくと, この級数は定積分

$$\int_{-\infty}^{\infty} \frac{\partial x}{\alpha x \pm \beta}$$

に向って収斂していきます (図2).

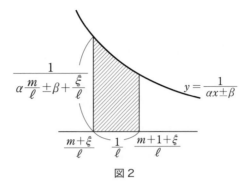

図 2

アイゼンシュタインはそのように述べ，それから「周知の方法により（durch die bekannten Methoden）」と前置きしてこの積分の値を書きました．結果は前に求められた数値と同一で，$\dfrac{\alpha}{\beta}$ における i の係数の正負に応じて $\pm\dfrac{\pi i}{\alpha}$ もしくは $\mp\dfrac{\pi i}{\alpha}$ になります．

　アイゼンシュタインのいう「周知の方法」が指しているものの姿が見えませんが，複素対数値の計算により積分値が求められます．複素 z 平面の実軸上で負の実数に対応する半直線に沿って切れ目を入れると，その切れ目入りの平面上で複素対数 $\log z$ の 1 価分枝を指定することができるようになります．それらのうち，$z=1$ において値 0 をとるものをあらためて $\log z$ と表記することにします（このような分枝は主値と呼ばれることがあります）．この分枝を用いて計算を進めると，積分値は

$$\int_{-\infty}^{\infty}\frac{\partial x}{\alpha x\pm\beta}=\lim_{M\to\infty}\int_{-M}^{M}\frac{\partial x}{\alpha x\pm\beta}=\lim_{M\to\infty}\frac{1}{\alpha}\int_{-M}^{M}\frac{\partial x}{x\pm\frac{\beta}{\alpha}}$$

$$=\lim_{M\to\infty}\frac{1}{\alpha}\log\frac{M\pm\frac{\beta}{\alpha}}{-M\pm\frac{\beta}{\alpha}}$$

と表示されます．ここで M は正の実数ですが，注目しなければならないのは M が 0 から ∞ に向って限りなく増大していくときの $w=\dfrac{M\pm\frac{\beta}{\alpha}}{-M\pm\frac{\beta}{\alpha}}$ の挙動です．

二通りの場合を区分けして，まず $w = \dfrac{M + \frac{\beta}{\alpha}}{-M + \frac{\beta}{\alpha}}$ を取り上げ

ます．そのうえでさらに $\dfrac{\beta}{\alpha}$ における i の係数の正負に応じて

二通りの場合を分けると，その係数が正の場合には，複素 z 平

面上の正の実軸は 1 次変換 $w = \dfrac{M + \frac{\beta}{\alpha}}{-M + \frac{\beta}{\alpha}}$ により複素 w 平面の

下半平面内に描かれる円弧 C_- に移ります．この円弧の始点は

$M = 0$ に対応する点 $w = 1$ で，w 平面の下半平面内に位置を占

めながら実軸上の点 $w = -1$ に向って移動します（図 3）．

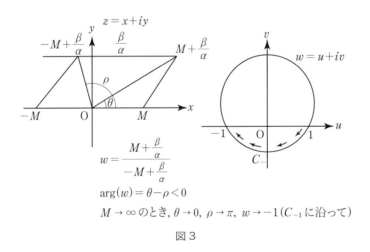

図 3

それゆえ，

$$\lim_{m \to \infty} \log \frac{M + \frac{\beta}{\alpha}}{-M + \frac{\beta}{\alpha}} = -\pi i.$$

これで積分値

$$\int_{-\infty}^{\infty} \frac{\partial x}{\alpha x + \beta} = -\frac{\pi i}{\alpha}$$

が算出されました．

$\dfrac{\beta}{\alpha}$ における i の係数が負の場合には複素 z 平面上の正の実

軸は 1 次変換 $w = \dfrac{M + \frac{\beta}{\alpha}}{-M + \frac{\beta}{\alpha}}$ により複素 w 平面の上半平面内に

描かれる円弧 C_+ に移ります．この円弧の始点は C_- と同じく $w = 1$ ですが，今度は w 平面の上半平面内に位置を占めながら実軸上の点 $w = -1$ に向って移動します（図 4）．

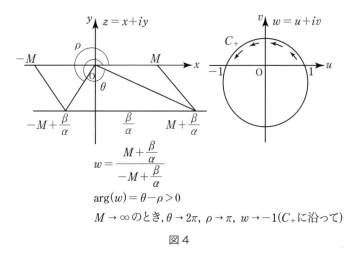

$$w = \dfrac{M + \frac{\beta}{\alpha}}{-M + \frac{\beta}{\alpha}}$$

$$\arg(w) = \theta - \rho > 0$$

$M \to \infty$ のとき, $\theta \to 2\pi$, $\rho \to \pi$, $w \to -1 (C_+$ に沿って$)$

図 4

それゆえ，

$$\lim_{m \to \infty} \log \dfrac{M + \frac{\beta}{\alpha}}{-M + \frac{\beta}{\alpha}} = +\pi i$$

となり，積分値

$$\int_{-\infty}^{\infty} \dfrac{\partial x}{\alpha x + \beta} = \dfrac{\pi i}{\alpha}$$

が算出されました．積分値

$$\int_{-\infty}^{\infty} \dfrac{\partial x}{\alpha x - \beta}$$

についても同様で，アイゼンシュタインが書き留めたとおりの数値が求められます．

■■ 差分 $\nabla\sum\dfrac{1}{\alpha m+\beta n+\gamma}$ の算出

差分

$$\nabla\sum\frac{1}{\alpha m+\beta n+\gamma}$$

の数値はまだ算出されていませんが, n を固定して m に関する和をつくるところまで計算が進みました. $\ell<n\leqq\ell+\nu$ となる n の個数は ν ですが, 各々の n に対して m に関する和は

$$\sum_{m=-\infty}^{m=\infty}\frac{1}{\alpha m+\beta n+\gamma}=\frac{\delta\pi i}{\alpha}$$

となります. この同一の和の数値を ν 個集めると, 総和は $\delta\dfrac{\nu\pi i}{\alpha}$ となります. 同様に, $-\ell\leqq n$

$<-\ell+\nu$ となる n の各々に対し, m に関する和は

$$\sum_{m=-\infty}^{m=\infty}\frac{1}{\alpha m+\beta n+\gamma}=-\frac{\delta\pi i}{\alpha}$$

となりますが, この同一の和の数値を ν 個集めると, 総和は $-\delta\dfrac{\nu\pi i}{\alpha}$ となります. こうして求められた二つの和の前者から後者を差し引くと, $\delta\dfrac{2\nu\pi i}{a}$ という ℓ に依存しない数値が手に入ります. ここまで計算を進めておいて, そのうえで ℓ が限りなく増加していく状況を考えると, 数値 $\delta\dfrac{2\nu\pi i}{\alpha}$ はそのままで極限値であることが諒解されます. これで差分

$$\nabla\sum\frac{1}{\alpha m+\beta n+\gamma}=\delta\frac{2\nu\pi i}{\alpha}=\pm\frac{2\nu\pi i}{\alpha}$$

が求められました.

■■ 振り返って

いろいろな記号が重なってきましたので, ひとまず出発点

に立ち返って諸記号を確認しておきたいと思います. まず $u = \alpha m + \beta n + \gamma$ として, m, n に関する 2 重無限積

$$\prod\left(1 - \frac{x}{u}\right)$$

をつくりました. そのうえで m と n の変域に $M(u) > M(x)$ という条件を課し, 無限積を作る諸因子のうち, この条件を満たさない有限個の因子を削除して, 残される無限積を

$$\prod{}'\left(1 - \frac{x}{u}\right)$$

と表示します. 次に, この無限積の対数をつくると, 各々の因子の対数は

$$\log\left(1 - \frac{x}{u}\right) = -\frac{x}{u} - \frac{x^2}{2u^2} - \frac{x^3}{3u^3} - \frac{x^4}{4u^4} - \cdots$$

と無限級数に展開されますから, 上記の無限積自体の対数は

$$\log\prod{}'\left(1 - \frac{x}{u}\right) = -x\sum{}'\frac{1}{u} - \frac{x^2}{2}$$

$$\sum{}'\frac{1}{u^2} - \frac{x^3}{3}\sum{}'\frac{1}{u^3} - \frac{x^4}{4}\sum{}'\frac{1}{u^4} - \cdots$$

という形に表示されます. 総和記号 $\sum$ にダッシュ記号「$'$」が添えられているのは, ここでもまた m, n の変域に $M(u) > M(x)$ という条件が課されていることを表しています. この表示式の右辺は x に関する冪級数ですが, 係数にも無限級数

$$\sum{}'\frac{1}{u^\mu}$$

が現れています. それらの係数の収束状況を観察すると, 冪指数 $\mu > 2$ であれば, この級数は絶対収束します. 言い変えると, 諸項を加える順序に依存することなく収束します. ところが $\mu = 1$ と $\mu = 2$ に対応する級数

$$\sum{}'\frac{1}{u} \quad \text{と} \quad \sum{}'\frac{1}{u^2}$$

はそうではなく, これらは条件収束する級数です. 言い換えると, これらの級数の和は諸項を加える順序によりさまざまに変

動します．級数和の差分ということを考えなければならないわ
けがここにあります．

そこで一般に $\sum'\dfrac{1}{u}$, $\sum'\dfrac{1}{u^2}$ が受け入れる差分をそれぞれ

p,q で表すと，2重無限積の対数 $\log\prod'\left(1-\dfrac{x}{u}\right)$ は $-px-\dfrac{1}{2}qx^2$

という形の差分を受け入れることになります．p と q は x とは無
関係で，α,β,γ のみに依存する数値で，2重無限積それ自体が受
け入れる差分は

$$e^{-px-\frac{1}{2}qx^2}$$

という形です．ここで

$$\nabla\sum\frac{1}{\alpha m+\beta n}=a,\ \nabla\sum\frac{1}{(\alpha m+\beta n)^2}=b$$

と置くと，$p=a-b\gamma$, $q=b$ と表されるのは既述のとおりです．

一般的に考えていくとこのようなことになりますが，こ
れを指数の第1変換の場合にあてはめてみると，差分

$p=\nabla\sum\dfrac{1}{\alpha m+\beta n+\gamma}$ の値

$$\delta\frac{2\nu\pi i}{\alpha}=\pm\frac{2\nu\pi i}{\alpha}=a-b\gamma$$

が判明していますから，もう少し詳しい情報が得られます．実
際，この差分の計算値は二つの長方形 $ABCD$ と $A'B'C'D'$ が
相互にどのような位置関係にあっても同一で，上記の等式は整
数値 ν,λ が何であっても成立します．ところが，見出だされた
差分 $\pm\dfrac{2\nu\pi i}{\alpha}$ は γ には依存しないのですから，$b=0$ であるほか
はなく，$q=b$ より $q=0$ となります．これは

$$\nabla\sum\frac{1}{(\alpha m+\beta n)^2}=0$$

ということですから，和 $\sum\dfrac{1}{(\alpha m+\beta n)^2}$ は γ を $\gamma'=\gamma+\lambda\alpha+\nu\beta$

に変えても値が変りません．それゆえ，γ の関数と見ると2重周

期関数であることがわかります.

和 $\sum \dfrac{1}{\alpha m+\beta n+\gamma}$ についてはいくぶん異なる状況が現れま

す. この和の差分は $a=\delta\dfrac{2\nu\pi i}{\alpha}$ ですから, λ は整数として γ が

$\lambda\alpha$ だけ増大しても和の値は変りません. ところが, ν は 0 では

ない整数として, γ が $\nu\beta$ だけ増大すると, あるいはまた一般に

$\lambda\alpha+\nu\beta$ だけ増大すると, 和の値は $\delta\dfrac{2\nu\pi i}{\alpha}$ だけ増大します. そ

れゆえ, この和を γ の関数と見ると, α は周期モジュールとし

ての資格を備えています. β についてはこれを周期モジュール

と呼ぶことはできませんが, 周期性とまったく無縁というわけ

でもなく, いわば不完全な周期性を備えています. そこでアイ

ゼンシュタインはこれを**非正式周期モジュール** (**uneigentlichen**

Modul der Periodicität, uneigentlichen Modul der Periodicität)

と呼びました. これに対応して, α には正式周期モジュールと

いう呼び名がよく似合います.

2 重無限積の対数 $\log \prod{}' \left(1-\dfrac{x}{u}\right)$ の級数展開に立ち返ると,

第 1 種指数変換に伴う差分は

$$-(a-b\gamma)x-\frac{1}{2}bx^2=-\delta\frac{2\nu\pi i}{\alpha}x$$

となります. したがって, 2 重無限積 $\prod\left(1-\dfrac{x}{u}\right)$ を積

$$\prod_{n=-\ell}^{n=\ell}\prod_{m=-k}^{m=k}\left(1-\frac{x}{\alpha m+\beta n+\gamma}\right)$$

の $k=\infty$, $\ell=\infty$ とするときの極限値と見ると, この 2 重無限積

は第 1 種指数変換に際して指数値

$$e^{-\delta\frac{2\nu\pi i}{\alpha}x}$$

が付け加わります. それゆえ, この 2 重無限積を γ の関数と見

て $\psi(\gamma)$ と表記すると, 等式

$$\psi(\gamma+\lambda\alpha+\nu\beta)=e^{-\delta\frac{2\nu\pi i}{\alpha}x}\psi(\gamma)=e^{\pm\frac{2\nu\pi i}{\alpha}x}\psi(\gamma)$$

が成立します．指数値の冪指数の箇所に $\pm\dfrac{2\nu\pi i}{\alpha}x$ という数値が

配置されていて，正負の符合が附されていますが，この符号は

$\dfrac{\beta}{\alpha}$（もしくは $\dfrac{\alpha}{\beta}$）における i の係数の符号が正または負（もし

くは負または正）であるのに応じてそれぞれ定まります．

　これで上記の2重無限積を γ の関数と見ると，モジュール α に関して正式周期的であり，モジュール β に関しては非正式周期的であることが明らかになりました．

第 9 章

第 2 種指数変換をめぐって

■■ 第 2 種指数変換

　ここまでのところで第 1 種の指数変換を適用するときに現れる光景の観察が一段落しましたので，アイゼンシュタインの考察は第 2 種の指数変換の考察に移ります．4 個の整数 λ, μ, ν, ρ は条件 $\lambda\rho - \mu\nu = \varepsilon = \pm 1$ を満たすとし，

$$m = \lambda m' + \mu n', \quad n = \nu m' + \rho n'$$

と置いて新たな指数 m', n' を作ります．これが指数の第 2 種変換です．この変換により，$u = \alpha m + \beta n + \gamma$ は

$$\alpha m + \beta n + \gamma = \alpha(\lambda m' + \mu n') + \beta(\nu m' + \rho n') + \gamma$$
$$= (\lambda\alpha + \nu\beta)m' + (\mu\alpha + \rho\beta)n' + \gamma$$

に変ります．そこで

$$\alpha' = \lambda\alpha + \nu\beta, \quad \beta' = \mu\alpha + \rho\beta$$

と置くと，

$$\alpha m + \beta n + \gamma$$

は

$$\alpha' m' + \beta' n' + \gamma$$

に移ることになります．元の式と比べると，α と β は変化していますが，γ は変りません．第 1 種の指数変換の場合には α と

β は変化を受けなかったのに対し，γ は γ' に移っていましたから，対照的な状況が現れていることがわかります.

　一般に，

$$\sum f(\alpha m + \beta n + \gamma)$$

という形の和を考えて，この和は項の順序に依存することなく確定するものとしてみます. このとき，第 2 種の指数変換を施して α, β をそれぞれ α', β' に置き換えても和の値は変りません. アイゼンシュタインはこの即座に判明する事実を指摘して，「この関数を γ に関する 2 重周期性と結びつける非常に重要で興味深い性質」と言い添えました. この言葉の意味はのちに明らかになることが期待されます.

　考察しなければならない和の中に項の順序に依存するものが二つありました. それらの和において第 2 種の指数変換を施すとき，和の数値がどのように変るのかという状況を観察する必要があります. 第 1 種の指数変換を施す際の値の変化についてはこの観察はすでに実行されましたが，同様の手順を踏もうとすると「非常に骨の折れる複雑な考察」を強いられてしまうとアイゼンシュタインは状況を語り，そのうえで簡明な道筋を提案しています. それはすでに明らかになった事柄に基づく手順です.

　項の順序に依存する和のひとつを

$$\sum \frac{1}{\alpha m + \beta n + \gamma} = \varphi(\gamma),$$

$$\sum \frac{1}{\alpha' m + \beta' n + \gamma} = \varphi(\gamma')$$

と表記します. ここで，指数 m, n は値 $0, \pm 1, \pm 2, \cdots$ をとりながら変動します. 第 1 種の指数変換の考察を通じて，関数 $\varphi(\gamma)$ は，g, h は整数として，

$$\varphi(\gamma + g\alpha + h\beta) = \varphi(\gamma) + \delta \frac{2h\pi i}{\alpha}$$

という形の関係を満たすことがわかりました．これを関数 $\varphi'(\gamma)$ にあてはめると，

$$\varphi'(\gamma+g\alpha'+h\beta') = \varphi'(\gamma)+\delta'\frac{2h\pi i}{\alpha'}$$

という類似の関係が満たされることになります．ここで，δ' は商 $\dfrac{\alpha'}{\beta'}$ における i の係数の符号により定まります．$\varphi'(\gamma)$ と $\varphi(\gamma)$ は同じタイプの関数で，周期モジュールだけが異なっています．α' と β' は α と β により $\alpha'=\lambda\alpha+\nu\beta$, $\beta'=\mu\alpha+\rho\beta$ と表示され，逆に α と β は α' と β' により $\alpha=\varepsilon\rho\alpha'-\varepsilon\nu\beta'$, $\beta=-\varepsilon\mu\alpha'+\varepsilon\lambda\beta'$ と表示されます．これにより，g,h は整数とするとき，$g\alpha'+h\beta'$ という形の式は同時に $g\alpha+h\beta$ という形でもあること，逆に $g\alpha+h\beta$ という形の式は同時に $g\alpha'+h\beta'$ という形でもあることがわかります．これは等式

$$g\alpha'+h\beta' = (\lambda g+\mu h)\alpha+(\nu g+\rho h)\beta$$
$$g\alpha+h\beta = (\varepsilon\rho g-\varepsilon\mu h)\alpha'+(-\varepsilon\nu g+\varepsilon\lambda h)\beta'$$

により明らかです．これにより，等式

$$\varphi(\gamma+g\alpha'+h\beta') = \varphi(\gamma+(\lambda g+\mu h)\alpha+(\nu g+\rho h)\beta)$$
$$= \varphi(\gamma)+\delta\frac{2(\nu g+\rho h)\pi i}{\alpha}$$
$$\varphi'(\gamma+g\alpha+h\beta) = \varphi'(\gamma+(\varepsilon\rho g-\varepsilon\mu h)\alpha'+(-\varepsilon\nu g+\varepsilon\lambda h)\beta')$$
$$= \varphi'(\gamma)+\delta'\frac{2(-\varepsilon\nu g+\varepsilon\lambda h)\pi i}{\alpha'}$$

が導かれます．

　差 $\varphi'(\gamma)-\varphi(\gamma)$ というのは $\nabla\sum\dfrac{1}{\alpha m+\beta n+\gamma}$ の値のことですが，この値は $a-b\gamma$ という形であることは既述のとおりです．そこで二つの等式

$$\varphi(\gamma+g\alpha'+h\beta') = \varphi(\gamma) + \delta\frac{2(\nu g+\rho h)\pi i}{\alpha}$$

$$\varphi'(\gamma+g\alpha'+h\beta') = \varphi'(\gamma) + \delta'\frac{2h\pi i}{\alpha'}$$

を並列して差をつくると，

$$\varphi'(\gamma+g\alpha'+h\beta') - \varphi(\gamma+g\alpha'+h\beta') = a-b(\gamma+g\alpha'+h\beta')$$

より，等式

$$a-b(\gamma+g\alpha'+h\beta') = a-b\gamma+\delta'\frac{2h\pi i}{\alpha'} - \delta\frac{2(\nu g+\rho h)\pi i}{\alpha}$$

が得られます．同様に，二つの等式

$$\varphi(\gamma+g\alpha+h\beta) = \varphi(\gamma) + \delta\frac{2h\pi i}{\alpha}$$

$$\varphi'(\gamma+g\alpha+h\beta) = \varphi'(\gamma) + \delta'\frac{2(-\varepsilon\nu g+\varepsilon\lambda h)\pi i}{\alpha'}$$

を並列して差をつくると，等式

$$a-b(\gamma+g\alpha+h\beta) = a-b\gamma+\delta'\frac{2(-\varepsilon\nu g+\varepsilon\lambda h)\pi i}{\alpha'} - \delta\frac{2h\pi i}{\alpha}$$

が得られます．これらの二つの等式のそれぞれについて，左右両辺から $a-b\gamma$ を差し引くと，等式

$$b(g\alpha'+h\beta') = \delta\frac{2(\nu g+\rho h)\pi i}{\alpha} - \delta'\frac{2h\pi i}{\alpha'}$$

$$b(g\alpha+h\beta) = \delta\frac{2h\pi i}{\alpha} - \delta'\frac{2(-\varepsilon\nu g+\varepsilon\lambda h)\pi i}{\alpha'}$$

が現れます．整数 g,h は任意であることに着目し，g と h を順次 0 と等置すると，ここから 4 個の等式

$$b\alpha' = \delta\frac{2\nu\pi i}{\alpha}, \quad b\beta' = \delta\frac{2\rho\pi i}{\alpha} - \delta'\frac{2\pi i}{\alpha'}$$

$$b\alpha = \varepsilon\delta'\frac{2\nu\pi i}{\alpha'}, \quad b\beta = \delta\frac{2\pi i}{\alpha} - \varepsilon\delta'\frac{2\lambda\pi i}{\alpha'}$$

が取り出されます．これらにより定数 b が定められます．4 通りの形で表示されますが，どれもみな同等で互いに移り合います．しかも第 1 と第 3 の等式は，つねに

$$\delta = \varepsilon\delta'$$

となることを教えています．言い換えると，商 $\frac{\alpha'}{\beta'}$ における i の係数は，$\varepsilon = +1$ であるか，あるいは $\varepsilon = -1$ であるのに応じて，$\frac{\alpha}{\beta}$ における i の係数と同符号になるか，あるいは反対符号になります．これを確認してみます．

$\alpha, \beta, \alpha', \beta'$ の共役複素数をそれぞれ $\alpha_1, \beta_1, \alpha_1', \beta_1'$ で表すと，$\frac{\alpha}{\beta}$ における i の係数は $\frac{1}{2i}\left(\frac{\alpha}{\beta} - \frac{\alpha_1}{\beta_1}\right) = \frac{\alpha\beta_1 - \beta\alpha_1}{2i\beta\beta_1}$ となりますが，β の絶対値 $\beta\beta_1$ は正値ですから，この係数の符号は $\frac{\alpha\beta_1 - \beta\alpha_1}{2i}$ の符号と同じです．同様に，$\frac{\alpha'}{\beta'}$ における i の係数は $\frac{1}{2}\left(\frac{\alpha'}{\beta'} - \frac{\alpha_1'}{\beta_1'}\right)$ で，その符号は $\frac{\alpha'\beta_1' - \beta'\alpha_1'}{2i}$ の符号と同じです．そうして α', β' と α, β は

$$\begin{pmatrix} \alpha', & \beta' \\ \alpha_1', & \beta_1' \end{pmatrix} = \begin{pmatrix} \alpha, & \beta \\ \alpha_1, & \beta_1 \end{pmatrix} \begin{pmatrix} \lambda, & \mu \\ \nu, & \rho \end{pmatrix}$$

という関係で連繋しています．行列式に移ると等式 $\alpha'\beta_1' - \beta'\alpha_1' = (\alpha\beta_1 - \beta\alpha_1)(\lambda\rho - \mu\nu)$ が現れますが，$\varepsilon = \lambda\rho - \mu\nu$ であることを想起すると，これで $\alpha'\beta_1' - \beta'\alpha_1'$ と $\alpha\beta_1 - \beta\alpha_1$ は ε が $+1$ であるか，あるいは -1 であるのに応じて同符号であるか，あるいは反対符号であることが諒解されます．懸案の事項はこれで確認されました．

上記の4個の等式のうち第1番目の等式から，b を表示するもっとも簡単な式

$$b = \delta \frac{2\nu\pi i}{\alpha\alpha'}$$

が得られます．定数 a は，

$$a = \triangledown \sum \frac{1}{\alpha m + \beta n}$$

$$= \sum \frac{1}{\alpha' m + \beta' n} - \sum \frac{1}{\alpha m + \beta n}$$

と表されますが, 最後に現れる二つの和のどちらについても,
諸項を適切に配列すれば 0 になりますから, $a=0$ であることが
諒解されます. これで,

$$\nabla\sum{}' \frac{1}{\alpha m+\beta n+\gamma} = -\delta\,\frac{2\nu\pi i}{\alpha\alpha'}\,\gamma,$$

$$\nabla\sum{}' \frac{1}{(\alpha m+\beta n+\gamma)^2} = \delta\,\frac{2\nu\pi i}{\alpha\alpha'}$$

となることがわかりました.

■■ 出発点にもどる

　ここにいたるまでの一連の議論の出発点になったのは無限 2
重積

$$\prod{}' \left(1-\frac{x}{u}\right)$$

でした. 対数をとると無限 2 重級数

$$-x\sum{}' \frac{1}{u} - \frac{x^2}{2}\sum{}' \frac{1}{u^2} - \frac{x^3}{3}\sum{}' \frac{1}{u^3} - \frac{x^4}{4}\sum{}' \frac{1}{u^4} - \cdots$$

が現れますが, この級数において諸項の配列を変更するときに
発生する和の値の差異を追求してきたのでした. 上記の計算に
より, 第 2 種の指数変換に伴う差異は

$$-(a-b\gamma)x - \frac{1}{2}bx^2 = \delta\,\frac{2\nu\pi i}{\alpha\alpha'}\left(\gamma x - \frac{1}{2}x^2\right)$$

であること, したがって元の無限積には指数因子

$$e^{\delta\frac{2\nu\pi i}{\alpha\alpha'}(\gamma x - \frac{1}{2}x^2)}$$

が添えられることが明らかになりました. 特に $\lambda=\rho=0,\ \mu=\nu=1$
の場合には $\alpha'=\beta,\ \beta'=\alpha$ となり, 指数 α,β が交換されるとい
うだけのことですが, 付加される指数因子は

$$e^{\delta\frac{2\pi i}{\alpha\beta}(\gamma x - \frac{1}{2}x^2)}$$

という形になります.

■■ 乗法定理

指数変換をめぐる一般的な考察に続いて，アイゼンシュタインは特別の関心を誘われる場合として周期モジュールの比が不変に保たれる変換，言い換えると，元の周期モジュール α, β と変換された周期モジュール α', β' の間に比例関係式

$$\alpha : \beta = \alpha' : \beta'$$

が成立する場合を取り上げました．このような場合には商 $\dfrac{\alpha}{\beta}$ が主役（Hauptrolle）を演じます．次に挙げる等式は等式 $\dfrac{\alpha}{\beta} = \dfrac{\alpha'}{\beta'}$ から即座に導かれます．

$$\alpha' m' + \beta' n' - \frac{\alpha'}{\alpha}\left(\alpha m' + \frac{\beta' \alpha}{\alpha'} n'\right) = \frac{\alpha'}{\alpha}(\alpha m' + \beta n')$$

$$\alpha' m' + \beta' n' + \gamma = \frac{\alpha'}{\alpha}\left(\alpha m' + \beta n' + \frac{\alpha}{\alpha'}\gamma\right)$$

$$\sum \frac{1}{(\alpha' m' + \beta' n' + \gamma)^g} = \left(\frac{\alpha}{\alpha'}\right)^g \sum \frac{1}{(\alpha m' + \beta n' + \frac{\alpha}{\alpha'}\gamma)^g}$$

第3番目の等式を見ると，元の和を変換して新たに得られる和は元の和と同一であることがわかります．ただし，元の和の γ に代って $\dfrac{\alpha}{\alpha'}\gamma$ が現れます．そこで

$$\sum \frac{1}{(\alpha m + \beta n + \gamma)^g} = \varphi(\gamma)$$

と表記すると，2通りの場合が考えられます．ひとつは冪指数 $g > 2$ のときで，この場合には諸項の配列の順序に関わらず和が一定の値をとりますから，方程式

$$\varphi(\gamma) = \left(\frac{\alpha}{\alpha'}\right)^g \varphi\left(\frac{\alpha}{\alpha'}\gamma\right), \quad \varphi\left(\frac{\alpha}{\alpha'}\gamma\right) = \left(\frac{\alpha'}{\alpha}\right)^g \varphi(\gamma)$$

が成立します．もうひとつは $g \leqq 2$ のときで，この場合には諸項の配列の順序が変更されていることに起因して差異が発生し，上記の等式の左右のどちらかの辺に γ の1次式が加わります．

いずれにしても $\varphi\left(\dfrac{\alpha}{\alpha'}\gamma\right)$ は $\varphi(\gamma)$ を用いてごく簡明な仕方で表されます. この状況をさして, アイゼンシュタインは

ここに現れる γ の関数は乗法子 $\dfrac{\alpha}{\alpha'}$ に対する乗法定理をもつ.

と言い表しました.

周期モジュールの比が満たす 2 次方程式

$\dfrac{\beta}{\alpha} = \dfrac{\beta'}{\alpha'} = \omega,\ \dfrac{\alpha'}{\alpha} = \dfrac{\beta'}{\beta} = \varpi$ と置くと,

$$\beta = \omega\alpha,\ \beta' = \omega\alpha'$$
$$\alpha' = \varpi\alpha,\ \beta' = \varpi\beta$$

と表示されます. α, β と α', β' は

$$\alpha' = \lambda\alpha + \nu\beta$$
$$\beta' = \mu\alpha + \rho\beta$$

という形の等式で結ばれています. そこで前者の等式の両辺を α で割り, 後者の等式の両辺を β で割ると, 等式

$$\varpi = \lambda + \nu\omega$$
$$\varpi = \mu\cdot\dfrac{1}{\omega} + \rho$$

が得られます. これによって ω と ϖ が定められます. まず ϖ を消去すると $\lambda + \nu\omega = \mu\cdot\dfrac{1}{\omega} + \rho$ となりますが, これは ω が満たす 2 次方程式

$$\nu\omega^2 + (\lambda - \rho)\omega - \mu = 0$$

にほかなりません. また, $\varpi - \lambda = \nu\omega,\ \varpi - \rho = \dfrac{\mu}{\omega}$ となることに着目してこれらの等式を乗じると, ω が消去されて $(\varpi - \lambda)(\varpi - \rho) = \mu\nu$ となります. これは ϖ が満たす 2 次方程式

$$\varpi^2 - (\lambda + \rho)\varpi + \lambda\rho - \mu\nu = 0$$

です．商 $\omega = \dfrac{\beta}{\alpha}$ は虚数，すなわち実数になることはないと約束

されていますから（第 5 章，「第 3 の場合」．67-68 頁参照），ω
に対する 2 次方程式の判別式

$$(\lambda - \rho)^2 + 4\mu\nu = \Delta$$

は負になるほかはありません．変形して，

$$\Delta = (\lambda + \rho)^2 - 4\lambda\rho + 4\mu\nu = (\lambda + \rho)^2 - 4\varepsilon$$

という形に表記すると，これは同時に ϖ に対する 2 次方程式の
判別式でもあることがわかります．二つの 2 次方程式を解くと，
ω と ϖ が

$$\omega = \frac{\rho - \lambda \pm \sqrt{\Delta}}{2\nu}, \ \varpi = \frac{\rho + \lambda \pm \sqrt{\Delta}}{2}$$

という形に表されます．ここで，正負の 2 重符号 $\pm$ は等式
$\varpi = \lambda + \nu\omega$ が保たれるように定めます．

　$\varepsilon = -1$ とすると $\Delta = (\lambda + \rho)^2 + 4 > 0$ となってしまいますから，
この場合は除外して $\varepsilon = +1$ を選びます．$\Delta < 0$ より

$$(\lambda + \rho)^2 < 4.$$

それゆえ，$\lambda + \rho$ のとりうる値は 0 または ± 1 であり，それぞれ
の数値に対応して Δ の値は -4 もしくは -3 になります．これら
に対応する ϖ の値を添えると，次に挙げる 3 通りの組合せのみ
が可能です．

$$\lambda + \rho = 0, \quad \Delta = -4, \ \varpi = \frac{\pm\sqrt{-4}}{2} = \pm i$$

$$\lambda + \rho = 1, \quad \Delta = -3, \ \varpi = \frac{1 \pm \sqrt{-3}}{2}$$

$$\lambda + \rho = -1, \ \Delta = -3, \ \varpi = \frac{-1 \pm \sqrt{-3}}{2}$$

ここに現れる ϖ の 6 個の値を観察すると，これらはみな 1 の冪
根であることが諒解されます．実際，r は 1 の虚の 3 乗根とす
ると，上記の 6 個の値は

$$\pm i, \ \pm r, \ \pm r^2$$

と表示されます．$\pm i$ は 1 の虚の 4 乗根，$\pm r$ は 1 の虚の 3 乗根，$\pm r^2$ は 1 の虚の 6 乗根です．

■■ 数論的なコメントを寄せる

　ここでアイゼンシュタインは数論的なコメントを書き添えました．4 という数は，「4 より小さくて，しかも 4 と互いに素な数」の個数が 2 となるという性質を備えています．オイラーが考案したオイラー関数の言葉を用いれば，4 に対するオイラー関数値は 2 になるということです．この状況は 3 と 6 にもあてはまり，しかもオイラー関数値が 2 になる数は 3 と 4 と 6 のみですから，上記の 6 個の数 $\pm i, \pm r, \pm r^2$ は「オイラー関数値が 2 になるあらゆる数 n の虚の 1 乗根」のすべてであることになります．もとよりオイラー関数という言葉が用いられているわけではありませんが，アイゼンシュタインはこのように指摘して，「2 個」の 2 という数値に格別の注意を寄せています．その理由はこの時点ではまだわかりません．

　ω は ϖ を用いて

$$\omega = \frac{-\lambda + \varpi}{\nu}$$

と定められます．ここで，λ と ν は互いに素としておき，これらに対して他の二つの数 μ, ρ を条件 $\lambda\rho - \mu\nu = 1$, $\lambda + \rho = 0$, ± 1 が満たされるように定めます．$\varpi = \pm i$ に対しては $\rho = -\lambda$．したがって $-\lambda^2 - \mu\nu = 1$, $-\mu = \dfrac{\lambda^2 + 1}{\nu}$．これより，合同式

$$\lambda^2 \equiv -1 \ (\mathrm{mod.}\,\nu)$$

が成立します．これをガウスの数論の言葉で言い換えると，-1 は ν に関する平方剰余でなければならないということです．ガ

ウスが発見した「アリトメチカの一真理」（ガウスの著作 D.A. の序文より．今日の語法でいう平方剰余相互法則の第 1 補充法則）によれば，ν もしくは $\frac{1}{2}\nu$ の素因子はどれもみな $4n+1$ という形です．ν は 4 で割り切れることはなく，$4n+3$ という形の素数で割り切れることもありません．

■■ $\varpi = \pm i$ に対応する ω の決定

アイゼンシュタインは λ, μ, ν, ρ のすべての値を手に入れるための最善の道筋を書き留めています．まず λ として任意の整数を採用します．次に，λ^2+1 を何らかの仕方で二つの実整数の積の形に表示し，一方の数を $-\mu$，もう一方の数を ν とします．続いて $\rho = -\lambda$ と定めます．このようにして $\frac{-\lambda \pm i}{\nu}$ という形の数 ω の値が無数に定まります．複号 $\pm$ は $\varpi = \pm i$ の選択に応じて定まります．具体的に言うと，$\varpi = +i$ に対しては $\omega = \frac{-\lambda+i}{\nu}$ という形の数 ω が定まり，$\varpi = -i$ に対しては $\omega = \frac{-\lambda-i}{\nu}$ という形の数 ω が定まるということです．ところが，4 個の数 λ, μ, ν, ρ が条件 $\lambda^2+1 = -\mu\nu$, $\lambda+\rho = 0$ を満たすとき，$-\lambda, -\mu, -\nu, -\rho$ もまた明らかに同じ条件を満たしますから，$\omega = \frac{-\lambda+i}{\nu}$ という値の系列の間には $\frac{\lambda+i}{-\nu}$ という形の数もまた含まれています．そのような数を $\frac{-\lambda-i}{\nu}$ と表記すると，これは $\varpi = -i$ に対して定まる ω の値にほかなりません．同様に，$\omega = \frac{-\lambda-i}{\nu}$ という値の系列の間には $\frac{\lambda-i}{-\nu}$ という形の数もまた

含まれています．そのような数を $\dfrac{-\lambda+i}{\nu}$ と表記すると，これ
は $\varpi=+i$ に対して定まる ω の値にほかなりません．これで，
$\varpi=+i$ に対応する ω の値の系列と $\varpi=-i$ に対応する ω の値
の系列は実際には全体として一致することがわかりました．数
の集りとしては同一で区別することはできませんが，それぞれ
を定める 4 個の数 λ,μ,ν,ρ の系は反対になっていて，一方が
λ,μ,ν,ρ により定まるとき，他方は $-\lambda,-\mu,-\nu,-\rho$ により定ま
ります．

　こうして定められる数の集りにおいて，つねに二つずつの数
が組をつくり，それらの積は $+1$ になります．実際，数 $\dfrac{-\lambda+i}{\nu}$
を任意に取り上げてみます．$\lambda^2+1=(-\mu)\nu=(-(-\nu))(-\mu)$ に
留意して，ν の代りに $-\mu$ をとり，μ の代りに $-\nu$ をとると，
$\dfrac{-\lambda-i}{-\mu}$ もまたここで考えている数の集りに属しています．そう
してこれらの二つの数の積は $\dfrac{\lambda^2+1}{-\mu\nu}=1$ となります．これで確
められました．

　もっとも簡単な ω の値は $\pm i$ で，これは $\lambda=0,\ \mu=1,\ \nu=-1$
とすると得られます．

■■ $\varpi=\pm r,\pm r^2$ に対応する ω の値

　今度は $\tilde{\omega}=\pm r,\pm r^2$ に対応する ω の値を求めてみます．
$\varpi=r$ および $\varpi=r^2$ に対しては $\rho=-\lambda-1$ となりますから，
$1=\lambda\rho-\mu\nu=\lambda(-\lambda-1)-\mu\nu=-\lambda^2-\lambda-\mu\nu$．したがって，

$$\lambda^2+\lambda+1=-\mu\nu$$

となります．$\varpi=-r$ および $\varpi=-r^2$ に対しては $\rho=-\lambda+1$ とな

りますから, $1 = \lambda\rho - \mu\nu = \lambda(-\lambda+1) - \mu\nu = -\lambda^2 + \lambda - \mu\nu.$ したがって,

$$\lambda^2 - \lambda + 1 = -\mu\nu$$

となります. ϖ のとりうる 4 個の値のそれぞれに応じて λ が満たすべき 2 次方程式が書き下されましたが, どれもみな

$$t^2 + t + 1 = uv$$

という形です. 等式 $1 + r + r^2 = 0$ を考慮して, これらの 4 通りの場合の各々について ω の値を求めると, いつでも

$$\omega = \frac{t-r}{u}$$

という形になることがわかります. 実際, まず $\varpi = r$ に対しては,

$$\omega = \frac{-\lambda+r}{\nu} = \frac{\lambda-r}{-\nu}$$

となります. ここで, λ は, $u = -\nu$, $v = \mu$ とするとき, 2 次方程式 $t^2 + t + 1 = uv$ を満たします. 同様に, $\varpi = r^2$ に対しては $\omega = \frac{-\lambda+r^2}{\nu} = \frac{-\lambda-1-r}{\nu}$ となりますから $t = -\lambda-1$, $u = \nu$, $v = -\mu$ とし, $\varpi = -r$ に対しては $\omega = \frac{-\lambda-r}{\nu}$ となりますから $t = -\lambda$, $u = \nu$, $v = -\mu$ とし, $\varpi = -r^2$ に対しては $\omega = \frac{-\lambda-r^2}{\nu} = \frac{\lambda-1-r}{-\nu}$ となりますから $t = \lambda-1, u = -\nu, v = \mu$ と定めれば所要の目的が達成されます. 逆に, 整数 t と u を何らかの仕方で定めて方程式 $t^2 + t + 1 = uv$ が満たされるようにして, 真っ先に $\omega = \frac{t-r}{u}$ と置くと, この ω の値は不変として, ϖ の 4 個の値の各々に属する系 λ, μ, ν, ρ が t, u, v により定められます. これを見るには, ϖ の 4 個の値に対して次の表をつくればそれだけで十分です.

$$
\begin{array}{lllll}
\varpi = r, & t = \lambda, & u = -\nu, & v = \mu, & \rho = -\lambda-1 \\
\varpi = r^2, & t = -\lambda-1, & u = \nu, & v = -\mu, & \rho = -\lambda-1 \\
\varpi = -r, & t = -\lambda, & u = \nu, & v = -\mu, & \rho = -\lambda+1 \\
\varpi = -r^2, & t = \lambda-1, & u = -\nu, & v = \mu, & \rho = -\lambda+1
\end{array}
$$

この表を基礎にして次に挙げる表を作成します.

$$\varpi = r, \quad \lambda = t, \quad \mu = v, \quad \nu = -u, \ \rho = -t-1$$
$$\varpi = r^2, \quad \lambda = -t-1, \ \mu = -v, \ \nu = u, \quad \rho = t$$
$$\varpi = -r, \quad \lambda = -t, \quad \mu = -v, \ \nu = u, \quad \rho = t+1$$
$$\varpi = -r^2, \ \lambda = t+1, \quad \mu = v, \quad \nu = -u, \ \rho = -t$$

5個の数 $\varpi, \lambda, \mu, \nu, \rho$ の集まりが四つ並んでいますが,どれに対しても等式 $\lambda\rho - \mu\nu = -t(t+1) + uv = 1$ が成立します.それらの集りはみな ω のひとつの同一の値に由来するものであり,ϖ の4個の異なる値のそれぞれに対応します.しかもすべての条件が満たされています.このことから明らかになるように,4個の値 $\varpi = \pm r, \pm r^2$ のそれぞれに対して ω の共通の値の系列が対応し,その共通の系列は,等式 $t^2 + t + 1 = uv$ を満たす整数 t, u のあらゆる組合せを

$$\omega = \frac{t-r}{u}$$

に代入することにより得られます.また,この系列には,積をつくると $+1$ になるという性質を備えている二つの項がつねに随伴しています.そのような2項というのは,

$$\frac{t-r}{u} \ \text{と} \ \frac{t-r^2}{v} = \frac{-t-1-r}{-v}$$

です.

u と v は $t^2 + t + 1$ という形の数の約数ですからつねに奇数であり,しかも3で割り切れるか,あるいは $3n+1$ という形の素数で割り切れるかのいずれかです.$t = 0$ の場合,$u = -1$ と $u = 1$ に対してそれぞれ $\omega = r, \omega = -r$ が対応し,$t = -1$ の場合,$u = 1$ と $u = -1$ に対してそれぞれ $\omega = -1-r = r^2$,$\omega = 1+r = -r^2$ が対応します.これらがもっとも簡単な ω の値です.

第10章

単純無限級数のいろいろ

■■ 単純周期関数の導入

　2重無限積や2重無限級数の考察に向う足場を求めて，アイ
ゼンシュタインは，

$$\sum_{m=-\infty}^{m=\infty} \frac{1}{x+m}, \ \sum_{m=-\infty}^{m=\infty} \frac{1}{(x+m)^2}, \ \sum_{m=-\infty}^{m=\infty} \frac{1}{(x+m)^3}, \ \cdots$$

という形の一系の単純無限級数を提示して，これらを x の関数
と見てそれぞれ

$$(1,x), (2,x), (3,x), \cdots$$

という記号で表記しました．これまでのところで詳細に論じて
きたことから明らかになるように，級数 $(2,x),(3,x),\cdots$ はみな
収束し，しかも諸項を加える順序に依存することはありません
から，x の関数として完全に確定します．これに対し，$(1,x)$ に
ついては状況は大きく異なり，諸項を加える順序が指定された
ときにはじめて x の関数になります．無限級数の絶対収束と条
件収束の相違がこの点に反映しています．そこでアイゼンシュ
タインは，有限和

$$\sum_{m=-k}^{m=k} \frac{1}{x+m}$$

をつくり，k が際限なく増大していくときの極限値のこととして $(1,x)$ を受け入れるという姿勢を示しました．これを言い換えると，アイゼンシュタインは

$$(1,x) = \frac{1}{x} + \frac{1}{x+1} + \frac{1}{x-1} + \frac{1}{x+2} + \frac{1}{x-2} + \cdots$$
$$= \frac{1}{x} + \frac{2x}{x^2-1} + \frac{2x}{x^2-4} + \frac{2x}{x^2-9} + \cdots$$

という形の和を考えているということにほかなりません．この無限級数が収束することは，アイゼンシュタインとともに既知として受け入れておきたいと思います．

　関数 $(1,x),(2,x),(3,x),\cdots$ はみな周期モジュール 1 をもつ単純周期関数です．これを確認するために，これらの関数の各々において x を $x+1$ に置き換えてみます．この置き換えは指数 m の $m+1$ への変換を引き起こしますが，$(2,x),(3,x),\cdots$ の各々については諸項を加える順序に依存することなく収束するのですから，この変換のもとでも関数値は不変に保たれます．$(1,x)$ については諸項を加える順序が指定されていますから吟味が必要です．この指数変換のもとで関数値の変分を計算すると，

$$\nabla \sum \frac{1}{x+m} = \lim_{k\to\infty}\left\{ \sum_{m=-k}^{m=k} \frac{1}{x+m+1} - \sum_{m=-k}^{m=k} \frac{1}{x+m} \right\}$$
$$= \lim_{k\to\infty}\left\{ \sum_{m=-k+1}^{m=k+1} \frac{1}{x+m} - \sum_{m=-k}^{m=k} \frac{1}{x+m} \right\}$$
$$= \lim_{k\to\infty}\left\{ \frac{1}{x+k+1} - \frac{1}{x-k} \right\} = 0$$

となり，関数値は変化しないことがわかります．

■■ 諸関数の相互関係（1）

　アイゼンシュタインはこれらの単純周期関数の基本的な諸性質をただひとつの恒等式から導きました．それは，

(a) $\dfrac{1}{p^2 q^2} = \dfrac{1}{(p+q)^2}\left(\dfrac{1}{p^2}+\dfrac{1}{q^2}\right) + \dfrac{2}{(p+q)^3}\left(\dfrac{1}{p}+\dfrac{1}{q}\right)$

という恒等式で，0 と異なる任意の二つの実数 p, q で，和もまた 0 と異なるものに対して成立します．右辺を変形するとたちまち左辺の式になりますから確めるのは容易です．m と n は異なる二つの実整数，x は整数ではない任意の複素数として，この恒等式において

$$p = x+m, \quad q = -x-n, \quad p+q = m-n$$

と置くと，等式

(b) $\dfrac{1}{(x+m)^2} \cdot \dfrac{1}{(x+n)^2}$

$$= \dfrac{1}{(m-n)^2}\left(\dfrac{1}{(x+m)^2}+\dfrac{1}{(x+n)^2}\right) + \dfrac{2}{(m-n)^3}\left(\dfrac{1}{x+m}-\dfrac{1}{x+n}\right)$$

が得られます．この等式において，m と n の場所に互いに独立に，ただし $m = n$ となるものは除外して，$-\infty$ から ∞ までのあらゆる整数値を配置し，そのようにして得られるすべての等式を m, n を指数として加えると，左辺には関数

$$(2, x)^2 - (4, x)$$

が現れます．実際，等式 (b) の左辺の積 $\dfrac{1}{(x+m)^2} \cdot \dfrac{1}{(x+n)^2}$ をあらゆる指数 m, n に関して加えると，二つの単純和

$$\sum \dfrac{1}{(x+m)^2}, \quad \sum \dfrac{1}{(x+n)^2}$$

の積が得られます．これらの単純和はどちらも $(2, x)$ ですから，この積は $(2, x)^2$ になります．ここから $m = n$ に該当する積 $\dfrac{1}{(x+n)^2} \cdot \dfrac{1}{(x+n)^2}$ を除外するのですが，それらの積のすべての和は

$$\sum \frac{1}{(x+m)^4} = (4, x)$$

です．これを $(2, x)^2$ から差し引いて $(2, x)^2 - (4, x)$ が得られます．

今度は等式 (b) の右辺の総和を考えてみます．$m-n$ を新たな指数と見て，これを m' と表記し，指数 n はそのまま保存して m の代わりに $m'+n$ を採用します．こうすることにより指数変換が行われることになります．$m-n$ は n の各々の値に対して $-\infty$ から ∞ までの 0 を除くあらゆる整数値をとることに留意すると，この指数変換ののちに，n は $-\infty$ から ∞ までのあらゆる整数値をとり，m' は $m'=0$ を除いてあらゆる整数値をとることがわかります．これで，(b) の右辺の総和は

$$\sum\sum \left\{ \frac{1}{m'^{\,2}} \left(\frac{1}{(x+m'+n)^2} + \frac{1}{(x+n)^2} \right) \right.$$
$$\left. + \frac{2}{m'^{\,3}} \left(\frac{1}{x+m'+n} - \frac{1}{x+n} \right) \right\}$$

という形になりました．

この 2 重和の一般項は 4 個の項でつくられています．まずはじめに n に関する和を実行することにすると，4 項の和を切り離して別々に考えていくことができます．第 1 項の $\dfrac{1}{(x+m'+n)^2}$ と第 2 項の $\dfrac{1}{(x+n)^2}$ の和については加える順序に無関係に収束し，それぞれ和の値 $(2, x+m')$，$(2, x)$ が確定します．第 3 項の $\dfrac{1}{x+m'+n}$ と第 4 項の $\dfrac{1}{x+n}$ については，n に関してまず $-k$ から k まで加え，そののちに k を限りなく大きくするという手順を踏んで和を実行すると，それぞれ和の値 $(1, x+m')$，$(1, x)$ が確定します．これで，

$$\frac{1}{m'^{\,2}}(2, x+m') + \frac{1}{m'^{\,2}}(2, x) + \frac{2}{m'^{\,3}}(1, x+m') - \frac{2}{m'^{\,3}}(1, x)$$

が得られました．関数の周期性により $(2, x+m') = (2, x)$，

$(1, x+m')＝(1, x)$ となることに留意すると，式変形が進んで，この和は

$$\frac{1}{m'^2}(2, x)+\frac{1}{m'^2}(2, x)+\frac{2}{m'^3}(1, x)-\frac{2}{m'^3}(1, x)=\frac{2}{m'^2}(2, x)$$

という形に帰着されます.

　この結果を踏まえて，今度は m' に関して加えることになります．そこで，0 を除くあらゆる整数値 m' に対する数値 $\frac{1}{m'^2}$ の総和 $\overset{*}{\sum}\frac{1}{m'^2}$ を $(2*, 0)$ と表記すると，上記の値 $\frac{2}{m'^2}(2, x)$ の総和は

$$2(2*, 0)(2, x)$$

となります.

　これで式 (b) の左右両辺の m, n に関する総和が求められました．それらを等置すると，$(2, x)^2-(4, x)＝2(2*, 0)(2, x)$. これより等式

（1）
$$(4, x)＝(2, x)^2-2(2*, 0)(2, x)$$

が得られます.

諸関数の相互関係（2）

　再び恒等式 (a) に立ち返り，今度は

$$p＝x+m,\ q＝n,\ p+q＝x+m+n,$$
$$m+n＝m',\ m＝m'-n$$

と置くと，等式

(c) $\dfrac{1}{(x+m)^2}\cdot\dfrac{1}{n^2}$

$$=\frac{1}{(x+m')^2}\Big(\frac{1}{(x+m'-n)^2}+\frac{1}{n^2}\Big)+\frac{2}{(x+m')^3}\Big(\frac{1}{x+m'-n}+\frac{1}{n}\Big)$$

が得られます．この式の左右両辺を，左辺では m, n に関して，右辺では m', n に関して加えることになりますが，その際，$n = 0$ は除外されます．これに対応して $m = m'$ という組合せも除かれます．

　まず左辺に目を向けると，m はあらゆる整数値を自由にとりますから，$\dfrac{1}{(x+m)^2}$ の総和は $(2, x)$ になります．また，$n = 0$ を除くあらゆる整数値 n に関する $\dfrac{1}{n^2}$ の総和を $(2^*, 0)$ と表記すると，(c) の左辺の数値 $\dfrac{1}{(x+m)^2} \cdot \dfrac{1}{n^2}$ の総和は積 $(2, x)(2^*, 0)$ になります．

　次に，(c) の右辺の様子を観察してみます．まず m' を固定して n に関する和をつくります．右辺を構成する 4 個の項のうち，第 1 項 $\dfrac{1}{(x+m'-n)^2}$ の n に関する総和を考える場面にあたり，n に代って $m = m' - n$ を指数として採用すると，$\dfrac{1}{(x+m'-n)^2}$ は $\dfrac{1}{(x+m)^2}$ に変ります．m は n とともにあらゆる整数値をとりますが，ただひとつ，$n = 0$ が除外されるのに応じて $m = m'$ が除かれて，

$$\sum_{m \neq m'} \frac{1}{(x+m)^2} = (2, x) - \frac{1}{(x+m')^2}$$

という表示式が得られます．同様に，(c) の右辺の第 4 項 $\dfrac{1}{x+m'-n}$ に対し，総和

$$\sum_{m \neq m'} \frac{1}{x+m} = (1, x) - \frac{1}{x+m'}$$

が手に入ります．第 2 項 $\dfrac{1}{n^2}$ について，$n = 0$ を除くあらゆる n に関する総和を

$$\sum^{*} \frac{1}{n^2} = (2^*, 0)$$

と表記します．第 4 項 $\frac{1}{n}$ の $n = 0$ を除くすべての n に関する総和については，

$$\sum^{*} \frac{1}{n} = 0$$

となることは明白です．これらの計算の結果を集めると，(c) の右辺の総和が表示されます．それをさらに m' のあらゆる整数値に関して加えると，

$$\sum_{m'} \left\{ \frac{1}{(x+m')^2} \left((2, x) - \frac{1}{(x+m')^2} + (2^*, 0) \right) \right. $$
$$\left. + \frac{2}{(x+m')^3} \left((1, x) - \frac{1}{x+m'} \right) \right\}$$

$$= (2, x)(2, x) - (4, x) + (2, x)(2^*, 0) + 2(3, x)(1, x) - 2(4, x)$$
$$= (2, x)^2 - 3(4, x) + (2, x)(2^*, 0) + 2(3, x)(1, x)$$

という形の和が得られます．これをすでに得られている (c) の左辺の総和 $(2, x)(2^*, 0)$ と等置すると，等式

(2) $$3(4, x) = (2, x)^2 + 2(1, x)(3, x)$$

に到達します．

■■ 微分方程式への移行

単純周期関数 $(1, x), (2, x), (3, x), (4, x)$ を連繋する二つの等式 (1), (2) が得られましたが，これらはいずれも微分方程式に変換されます．x に関する微分演算を ∂ という記号で表すことにすると，無限級数の項別微分を実行することにより，

$$\partial(1, x) = -(2, x), \quad \partial(2, x) = -2(3, x),$$
$$\partial(3, x) = -3(4, x), \cdots$$

という等式が即座に導かれます．したがって，関数 $(1, x)$ の姿
形が明らかになれば，次々と微分計算を適用していくことによ
り他の関数 $(2, x), (3, x), \cdots$ もまた明らかになることになります．
そこで $(1, x) = y$ と置いて y の決定をめざします．

$-(2, x) = y'$, $2(3, x) = y''$, $-6(4, x) = y'''$ と表示されますから，
これらを (1) と (2) に代入すると，y が満たすべき二つの微分方
程式

（α）　　　$-y''' = 6y'^2 + 12cy'$

（β）　　　$-y''' = 2y'^2 + 2yy''$

が現れます．ここで，

$$(2^*, 0) = c$$

と置きました．定数 c を無限級数の形に表記すると，

$$c = \sum^* \frac{1}{n^2} = \cdots + \frac{1}{16} + \frac{1}{9} + \frac{1}{4} + 1 + 1 + \frac{1}{4} + \frac{1}{9} + \frac{1}{16} + \cdots$$
$$= 2 \times \left(1 + \frac{1}{4} + \frac{1}{9} + \frac{1}{16} + \cdots\right)$$

となりますが，ここに見られる無限級数

$$1 + \frac{1}{4} + \frac{1}{9} + \frac{1}{16} + \cdots$$

の値を求める問題は「バーゼルの問題」として知られ，オイラー
は $\frac{\pi^2}{6}$ という数値を算出しました．したがって $c = \frac{\pi^2}{3}$ となりま
すが，もとよりアイゼンシュタインも承知しています．

二つの方程式（α），（β）から y''' を消去すると，微分方程式

（γ）　　　　　　　　$yy'' = 2y'^2 + 6cy'$

が得られます．これをもう一度微分すると $y'y'' + yy''' = 4y'y'' + 6cy''$ となりますが，ここで（α）から得られる等式 $y''' = -6y'^2$

$-12cy'$ を代入すると，$y'y''+y(-6y'^2-12cy')=4y'y''+6cy''$.
計算を進めると，$(3y'+6c)y''=-2yy'(3y'+6c)$ となります．左
右両辺の共通の因子 $3y'+6c$ で割ると，等式

（δ）
$$y''=-2yy'$$

が得られます．これを（γ）に代入すると $-2y^2y'=2y'^2+6cy'$
となり，さらに両辺に共通の因子 $2y'$ で割ると，

（ε）
$$-y^2=y'+3c$$

となります．これが関数 $(1, x)$ が満たす 1 階微分方程式で，

(3)
$$\frac{\partial(1, x)}{\partial x}=-(1, x)^2-3c$$

と表記しても同じです．

　今度は（γ）と（δ）から y を消去してみます．（γ）と（δ）
の二つの式を乗じると $yy''^2=-2yy'(2y'^2+6cy')$.　両辺を共通因
子 y で割ると，$y''^2=4y'^2(-y'-3c)$.　これより y' が満たすべき
1 階微分方程式

（ζ）
$$y''=2y'\sqrt{-y'-3c}$$

が得られます．また，（δ）$y''=-2yy'$ において $y''=2(3, x)$,
$y=(1, x)$, $y'=-(2, x)$ であることに留意すると，等式（δ）は

(4)
$$(3, x)=(1, x)(2, x)$$

と書き表されます．等式 (3) により $(2, x)$ は $(1, x)$ の多項式の
形に表示されますから，等式 (4) により $(3, x)$ もまた $(1, x)$ の
多項式として表されます．同様に続けていくと，引き続く関数
$(4, x), \cdots$ もみな $(1, x)$ の多項式であることが諒解されますから，
$(1, x)$ の姿が判明すれば他の周期関数の実体もみな明らかになり
ます．

■■ 微分方程式を解く

$y = (1, x)$ が満たす 1 階微分方程式（ε）（137 頁参照）は，

$C = \dfrac{\pi^2}{3}$ により

$$\frac{\partial y}{\partial x} = -y^2 - \pi^2$$

と表示されます．ここで，$y = \pi\eta$, $x = \dfrac{1}{\pi}\xi$ と置くと，微分方程式の形が変り，

$$\frac{\partial \eta}{\partial \xi} = -(1 + \eta^2)$$

となります．ここで, y は $x = \dfrac{1}{2}$ に対して 0 となることに，アイゼンシュタインは注意をうながしています．この事実は $y = (1, x)$ の定義に立ち返って直接確認することもできますが，アイゼンシュタインはこれを次のように論証しました．まず $(1, x)$ は x の奇関数であることは明白で，等式 $(1, -x) = -(1, x)$ が成立します．それゆえ，$\left(1, -\dfrac{1}{2}\right) = -\left(1, \dfrac{1}{2}\right)$ となります．また，関数 $(1, x)$ は周期モジュール 1 をもつ周期関数ですから，$\left(1, -\dfrac{1}{2}\right) = \left(1, -\dfrac{1}{2} + 1\right) = \left(1, \dfrac{1}{2}\right)$ ともなります．したがって，$-\left(1, \dfrac{1}{2}\right) = \left(1, \dfrac{1}{2}\right)$. これで $\left(1, \dfrac{1}{2}\right) = 0$ であることがわかりました．これを η と ξ の関係に移すと，関数 η は $\xi = \dfrac{\pi}{2}$ に対して 0 になることになります．

微分方程式 $\dfrac{\partial \eta}{\partial \xi} = -(1 + \eta^2)$ にもどってこれを解くと関数 η の形がわかります．変数を分離して $-\dfrac{\partial \eta}{1 + \eta^2} = \partial \xi$ という形にし，両辺の積分をつくると，C は積分定数として，等式 $-\arctan \eta = \xi + C$ が得られます．ここで，$\xi = \dfrac{\pi}{2}$ のとき $\eta = 0$

となることにより，定数 C の値が $C = -\dfrac{\pi}{2}$ と定まります．それ

ゆえ，$\eta = \tan\left(-\xi + \dfrac{\pi}{2}\right) = \dfrac{\cos \xi}{\sin \xi} = \mathrm{cotang}\,\xi$．したがって $y = \pi\eta$

$= \pi\,\mathrm{cotang}\,\xi = \pi\,\mathrm{cotang}\,\pi x$，すなわち

$$(1, x) = \sum \frac{1}{x+m} = \pi\,\mathrm{cotang}\,\pi x = y$$

となり，これで y の形が定まりました．

級数 $\sum \dfrac{1}{x+m} = y$ の両辺を x に関して積分すると，C は積分

定数として，

$$\sum \int \frac{\partial x}{x+m} = \sum \log(x+m) = \int y\,\partial x$$
$$= \int (\pi\eta)\partial\left(\frac{\xi}{\eta}\right) = \int \eta\,\partial\xi = \int \frac{\eta\,\partial\eta}{1+\eta^2}$$
$$= -\frac{1}{2}\log(1+\eta^2) + C = \log\frac{1}{\sqrt{1+\eta^2}} + C$$

と計算が進みます．ここで，$\eta = \mathrm{cotang}\,\xi = \dfrac{\cos \xi}{\sin \xi}$ ですから，

$\dfrac{1}{\sqrt{1+\eta^2}} = \sin \xi = \sin \pi x$．それゆえ，

$$\sum \log(x+m) = \log \sin \pi x + C$$

という表示に到達します．左辺の和から指数 0 の項 $\log x$ を切り

離し，残される諸項の和を $\overset{*}{\sum} \log(x+m)$ と表記すると，

$$\overset{*}{\sum} \log(x+m) = \log \frac{\sin \pi x}{x} + C$$

という形に表示されます．$x = 0$ に対して $\dfrac{\sin \pi x}{x} = \pi$ となること

に留意すると，

$$\overset{*}{\sum} \log m = \log \pi + C$$

となり，定数 $C = \displaystyle\sum^{*} \log m - \log \pi$ が定まります．これを上記の
等式に代入すると，

$$\sum^{*} \{\log(x+m) - \log m\} = \sum^{*} \log\left(1 + \frac{x}{m}\right) = \log\frac{\sin \pi x}{x} - \log \pi$$

となります．ここで，$\log\dfrac{\sin \pi x}{x} = \log\sin \pi x - \log x$ より，

$$\log x + \sum^{*} \{\log(x+m) - \log m\} = \log\sin \pi x - \log \pi.$$

これより

$$x(1+x)(1-x)\left(1+\frac{x}{2}\right)\left(1-\frac{x}{2}\right)\left(1+\frac{x}{3}\right)\left(1-\frac{x}{3}\right)\cdots = \frac{1}{\pi}\sin \pi x$$

となり，$\dfrac{1}{\pi}\sin \pi x$ を表示する無限積が取り出されます．左辺の
無限積を

$$\prod\left(1 - \frac{x}{m}\right)$$

と表記すると簡明です．$m = 0$ に対応する因子 $1 - \dfrac{x}{0}$ は意味を
失いますが，この因子の代わりに x を採って一番前に配置する
ことにします．

■■ シェルバッハ先生を思う

　ここまで話を進めたところで，アイゼンシュタインは数学者
シェルバッハの名を挙げました．カール・ハインリヒ・シェル
バッハという人で，1805 年にドイツのアイスレーベンに生れま
した．マルティン・ルターと同郷です．ハレ大学に学び，フ
リードリヒ・ヴィルヘルム・ギムナジウムの教授時代にアイゼ
ンシュタインを教えました．アイゼンシュタインは深い影響を

受けたようで,「私の尊敬するシェルバッハ先生」と呼んでいます.アイゼンシュタインの伝えるところによると,シェルバッハは勤務先のギムナジウムの 1845 年 9 月 29 日の『学校計画』(Schulprogramme, シュールプログラム)に,前記の無限積 $\prod\left(1-\frac{x}{m}\right)$ に関する一篇の論文を掲載したということです.無限積から出発して三角関数の基本的な諸性質を導こうとするのが,その論文のテーマでした.無限積において除外される指数があるときは,たとえば「$m!0$」というふうに,「!」という記号でその意志が示されました.先ほどの無限積では因子 $1-\frac{x}{0}$ を除外し,代って x を配置することになりますが,この状況は

$$x\prod\left(1+\frac{x}{m!0}\right)-\frac{1}{\pi}\sin\pi x$$

と表されます.

この特別の無限積の値に基づいて,より一般的な無限積 $\prod\left(1-\frac{x}{\alpha m+\beta}\right)$ の値もまた容易に見出だされます.この無限積は有限個の因子の積

$$\prod_{m=-k}^{m=k}\left(1-\frac{x}{\alpha m+\beta}\right)$$

の,k が限りなく大きくなっていくときの極限として考えられています.この積を構成する因子の一般項は

$$\frac{\alpha m+\beta-x}{\alpha m+\beta}$$

と表示されます.このように表示したのちに,すべての分母の積とすべての分子の積をつくると二つの無限積が得られますが,それらはいずれも収束しません.そこで前もって一般項の分母と分子を αm で割り,

$$\frac{1+\frac{\beta-x}{\alpha m}}{1+\frac{\beta}{\alpha m}}$$

という形に表示してみます．この割り算は m が 0 と異なるとき
に実行することができます．$m=0$ に対応する項については，

$$\frac{\beta-x}{\beta}=\frac{\beta-x}{\alpha}:\frac{\beta}{\alpha}$$

と表示します．こんなふうにして，

$$\prod\left(1-\frac{x}{\alpha m+\beta}\right)=\frac{\frac{\beta-x}{\alpha}\prod\left(1+\frac{\beta-x}{\alpha m!0}\right)}{\frac{\beta}{\alpha}\prod\left(1+\frac{\beta}{\alpha m!0}\right)}$$

という表示に到達します．今度は分母と分子の無限積はどちら
も収束し，分子の値は $\frac{1}{\pi}\sin\frac{\pi(\beta-x)}{\alpha}$，分母の値は $\frac{1}{\pi}\sin\frac{\pi\beta}{\alpha}$ で
す．表記を簡明にするために $\frac{\beta}{\alpha}=\omega,\ \frac{x}{\alpha}=\xi$ と置くと，等式

$$(\text{I})\quad \prod\left(1-\frac{x}{\alpha m+\beta}\right)=\frac{\sin\pi(\omega-\xi)}{\sin\pi\omega}=\frac{e^{\pi(\omega-\xi)i}-e^{-\pi(\omega-\xi)i}}{e^{\pi\omega i}-e^{-\pi\omega i}}$$

が現れます．これが，2 重無限積において m に関する積を実行
する際に用いられる基本公式です．

■■ 2 重級数の和の場合

　2 重無限積の対数をとると 2 重無限級数が現れますが，今度
はその和を実行する際に基本公式として用いられる等式を確立
することをめざします．既述の等式

$$(1,x)=\sum\frac{1}{x+m}=\pi\operatorname{cotang}\pi x=\pi\frac{\cos\pi x}{\sin\pi x}$$

を x に関して微分すると，次のような等式が相次いで得られま
す．

$$(2, x) = \sum \frac{1}{(x+m)^2} = -\frac{\partial(\pi \operatorname{cotang} \pi x)}{\partial x}$$

$$= \pi^2 (1 + \operatorname{cotang}^2 \pi x) = \frac{\pi^2}{\sin^2 \pi x}$$

$$(3, x) = \sum \frac{1}{(x+m)^3} = \frac{1}{2} \frac{\partial^2 (\pi \operatorname{cotang} \pi x)}{\partial x^2}$$

$$= -\frac{1}{2} \pi^2 \partial_x \left(\frac{1}{\sin^2 \pi x} \right) = \pi^3 \frac{\cos \pi x}{\sin^3 \pi x}$$

$$(4, x) = \sum \frac{1}{(x+m)^4} = -\frac{1}{3} \frac{\partial(3, x)}{\partial x}$$

$$= -\frac{1}{3} \partial_x \left(\pi^3 \frac{\cos \pi x}{\sin^3 \pi x} \right)$$

$$= \frac{\pi^4}{3} \left(\frac{1}{\sin^2 \pi x} + \frac{3 \cos^2 \pi x}{\sin^4 \pi x} \right)$$

$$= \pi^4 \left(-\frac{2}{3} \frac{1}{\sin^2 \pi x} + \frac{1}{\sin^4 \pi x} \right)$$

ここから先も同様に続きますが，これらの等式の一般的な形は次のとおりです．

(II) $(2g, x) = \sum \dfrac{1}{(x+m)^{2g}}$

$$= \pi^{2g} \left(\frac{a}{\sin^2 \pi x} + \frac{a'}{\sin^4 \pi x} + \frac{a''}{\sin^6 \pi x} + \cdots + \frac{1}{\sin^{2g} \pi x} \right)$$

(III) $(2g+1, x) = \sum \dfrac{1}{(x+m)^{2g+1}}$

$$= \pi^{2g+1} \left(\frac{b \cos \pi x}{\sin^3 \pi x} + \frac{b' \cos \pi x}{\sin^5 \pi x} \right.$$

$$\left. + \frac{b'' \cos \pi x}{\sin^7 \pi x} + \cdots + \frac{\cos \pi x}{\sin^{2g+1} \pi x} \right)$$

係数 $a, a', a'', \cdots$ および $b, b', b'', \cdots$ はベルヌーイ数と連繋しています．無限級数 $(1, x), (2, x), (3, x), \cdots$ は，こうして三角関数を用いて組立てられる無限級数に変換されました．

第 11 章

円関数の加法定理

■■ 円関数から楕円関数へ

ここまでのところで恒等的に成立する等式

(a) $$\frac{1}{p^2 q^2} = \frac{1}{(p+q)^2}\left(\frac{1}{p^2} + \frac{1}{q^2}\right) + \frac{2}{(p+q)^3}\left(\frac{1}{p} + \frac{1}{q}\right)$$

に支えられて，いろいろな関数等式がごく初等的な仕方で導かれました．アイゼンシュタインはここでオイラーの著作『無限解析序説（Introductio in Analysin Infinitorum)』を挙げて，この著作にはここまでのところで得られた等式がみな記されていることを明記しました．それならずっと以前から周知の等式ばかりということになり，そのような等式をなぜここであらためて再現したのだろうという疑問が起りますが，アイゼンシュタインには独自のもくろみがありました．アイゼンシュタインは単に歴史的な関心があって周知の円関数を持ち出したのではなく，円関数それ自体の新たな側面を明るみに出そうとしたわけでもなく，真意は楕円関数に，ひいては一般の代数関数にありました．アイゼンシュタインは単純無限級数を通じて円関数を認識し，2重無限級数から出発して楕円関数を認識しようとしています．

円関数と楕円関数を同じ様式で把握する試みですが，アイゼン
シュタインはさらに歩を伸ばし，一般の代数関数の世界さえ展
望していた様子がうかがわれます．

　等式 (a) はいっそう一般的な等式の特別の場合にすぎないと
アイゼンシュタインは指摘して込み入った形の次のような等式
を書きました．

$$
\text{(d)}\quad \frac{1}{p^{\mu}}\cdot\frac{1}{q^{\nu}} = \sum_{\sigma=0}^{\sigma=\mu-1} \frac{\nu(\nu+1)\cdots(\nu+\sigma-1)}{1\cdot 2\cdots\sigma} \times \frac{1}{(p+q)^{\nu+\sigma}}\cdot\frac{1}{p^{\mu-\sigma}}
$$
$$
+ \sum_{\tau=0}^{\tau=\nu-1} \frac{\mu(\mu+1)\cdots(\mu+\tau-1)}{1\cdot 2\cdots\tau}\cdot\frac{1}{(p+q)^{\mu+\tau}}\cdot\frac{1}{q^{\nu-\tau}}
$$

　形は複雑ですが，部分分数分解に由来する恒等式です．この
等式において $p=x+m$, $q=-x-n$ と置き，m と n のあらゆる
整数値にわたって総和をつくるのですが，$p+q=m-n$ となる
ことに留意して，$m=n$ となる組合せは除外しなければなりませ
ん．等式 (d) の左辺に $p=x+m$, $q=-x-n$ を代入すると

$$
\frac{1}{(x+m)^{\mu}}\cdot\frac{1}{(-x-n)^{\nu}} = (-1)^{\nu}\frac{1}{(x+m)^{\mu}}\cdot\frac{1}{(x+n)^{\nu}}
$$

という形になります．$\dfrac{1}{(x+m)^{\mu}}\cdot\dfrac{1}{(x+n)^{\nu}}$ の m, n に関する総和
をつくると積 $(\mu, x)(\nu, x)$ が現れますが，この和を構成する諸項
のうち $m=n$ となる物は除外します．そうしてそのような除外
するべき項の総和は $(\mu+\nu, x)$ にほかなりませんから，(d) の左辺
においてここで指定された代入と総和を実行すると，式

$$
(-1)^{\nu}\{(\mu, x)(\nu, x)-(\mu+\nu, x)\}
$$

が得られることがわかります．

　等式 (d) の右辺の総和についても同様に考えると，$m-n$ を
新たな指数と見ることにより，ここで取り上げられている形の
2 重無限級数により同様に表示されることが諒解されます．た

だし，等式 (d) の左右両辺の項を一般項とする級数が絶対収束
し，諸項を加える順序に依存することなく確定した総和をとり
うるためには，$\mu > 1, \nu > 1$ という条件を課して置く必要があり
ます．この限定のもとで，等式 (d) の右辺の $\mu + \nu$ 個の項を切り
離し，各項を一般項と見て2重無限級数をつくると，それらは
どれもみな二つの単純無限級数の積になります．これは，ここ
に現れる単純無限級数のうち，冪指数が1より大きいものにつ
いては，それらはみな絶対収束して諸項を加える順序に依存せ
ずに総和が確定することにより明らかになります．また，冪指
数が1に等しい無限級数については，それらの周期性に着目す
ることにより明らかになります．こうして次の式が得られます．

$$\sum_{\sigma=0}^{\sigma=\mu-1} \frac{\nu(\nu+1)\cdots(\nu+\sigma-1)}{1\cdot 2\cdots\sigma} \times (\nu+*\sigma, 0)(\mu-\sigma, x)$$

$$+ \sum_{\tau=0}^{\tau=\mu-1} \frac{\mu(\mu+1)\cdots(\mu+\tau-1)}{1\cdot 2\cdots\tau}$$

$$\times (-1)^{\nu-\tau}(\mu+*\tau, 0)(\nu-\tau, x)$$

ここで，記号 $*$ は指数の値として0が除外されていることを示
しています．

　この式を前に得られた式

$$(-1)^{\nu}\{(\mu, x)(\nu, x) - (\mu+\nu, x)\}$$

と等置すると，ある等式が現れます．アイゼンシュタインはそ
の等式を指して，**円関数に対する非常に一般的な結果**（ein sehr
allgemeines Resultat für Kreisfunctionen）と呼んでいます．出
発点になった (d) は代数的に構成された等式ですが，そこから
円関数のような超越関数に関連する等式が導かれたところに，
アイゼンシュタインはおもしろさを感じているように思われま
す．

■■ 円関数の加法定理

　等式 (d) において p の場所に $p=x+m$, q の場所に $q+n$ を書くと，$p+q$ の場所には $p+q+$ $m+n$ を書くことになります．この置き換えを行って，そののちに m と n に関してそれぞれあらゆる整数値にわたって総和をつくります．この場合には除外されるべき m,n の値はありません．また，総和をつくる際に，右辺では $m+n$ を新たな指数として採用します．この手順を実行するといくつかの 2 重無限級数に遭遇しますが，それらをそれぞれ単純級数の積の形に表示することにより，次の等式が得られます．

$$(e)\ (\mu,p)(\nu,q)=\sum_{\sigma=0}^{\sigma=\mu-1}\frac{\nu(\nu+1)\cdots(\nu+\sigma-1)}{1\cdot2\cdots\sigma}(\nu+\sigma,p+q)(\mu-\sigma,p)$$
$$+\sum_{\tau=0}^{\tau=\nu-1}\frac{\mu(\mu+1)\cdots(\mu+\tau-1)}{1\cdot2\cdots\tau}(\mu+\tau,p+q)(\nu-\tau,q)$$

ここで，一般に正整数 g に対して等式

$$(g,x)=\frac{(-1)^{g-1}}{1\cdot2\cdot3\cdots(g-1)}\cdot\frac{\partial^{g-1}(1,x)}{\partial x^{g-1}}$$

が成立することに留意すると，等式 (e) は関数 $f(x)=(1,x)$ を用いて表示されます．実際，まず $g=\mu$ を選定して導関数 $f^{\mu-1}(x)=\frac{\partial^{\mu-1}(1,x)}{\partial x^{\mu-1}}$ をつくり，そののちに $x=p$ と置き，さらに $\frac{(-1)^{\mu-1}}{1\cdot2\cdot3\cdots(\mu-1)}$ を乗じれば

$$(\mu,p)=\frac{(-1)^{\mu-1}}{1\cdot2\cdot3\cdots(\mu-1)}\cdot f^{(\mu-1)}(p)$$

が得られます．同様に，次々と $g=\nu$, $x=q$; $g=\nu+\sigma$, $x=p+q$; $g=\mu-\sigma$, $x=p$; $g=\mu+\tau$, $x=p+q$; $g=\nu-\tau$, $x=q$ を選定すれば，これらに対応してそ

れぞれ等式

$$(\nu, q) = \frac{(-1)^{\nu-1}}{1 \cdot 2 \cdot 3 \cdots (\nu-1)} \cdot f^{(\nu-1)}(q)$$

$$(\nu+\sigma, p+q) = \frac{(-1)^{\nu+\sigma-1}}{1 \cdot 2 \cdot 3 \cdots (\nu+\sigma-1)} \cdot f^{(\nu+\sigma-1)}(p+q)$$

$$(\mu-\sigma, p) = \frac{(-1)^{\mu-\sigma-1}}{1 \cdot 2 \cdot 3 \cdots (\mu-\sigma-1)} \cdot f^{(\mu-\sigma-1)}(p)$$

$$(\mu+\tau, p+q) = \frac{(-1)^{\mu+\tau-1}}{1 \cdot 2 \cdot 3 \cdots (\mu+\tau-1)} \cdot f^{(\mu+\tau-1)}(p+q)$$

$$(\nu-\tau, q) = \frac{(-1)^{\nu-\tau-1}}{1 \cdot 2 \cdot 3 \cdots (\nu-\tau-1)} \cdot f^{(\nu-\tau-1)}(q)$$

が現れます．これらを (e) に代入し，係数に注意して計算を進めて形を整えると，

(f) $f^{(\mu-1)}(p) f^{(\nu-1)}(q)$

$$= \sum_{\sigma=0}^{\sigma=\mu-1} \frac{(\mu-\sigma)(\mu-\sigma+1)\cdots(\mu-1)}{1 \cdot 2 \cdots \sigma} \times f^{(\nu+\sigma-1)}(p+q) f^{(\mu-\sigma-1)}(p)$$

$$+ \sum_{\tau=0}^{\tau=\nu-1} \frac{(\nu-\tau)(\nu-\tau+1)\cdots(\nu-1)}{1 \cdot 2 \cdots \tau} \times f^{(\mu+\tau-1)}(p+q) f^{(\nu-\tau-1)}(q)$$

という形の等式に到達します．この等式から**あらゆる種類の円関数に対する加法定理**（Additionstheoreme für alle Arten von Kreisfunctionen）がやすやすと取り出されるとアイゼンシュタインは指摘していますが，形を見ればすでに加法定理そのものですし，アイゼンシュタインの言葉のとおりです．

関数を取り替えて $f(x) = \dfrac{1}{x}$ を採用すると，今度は等式

$$\frac{1}{x^g} = \frac{(-1)^{g-1}}{1 \cdot 2 \cdot 3 \cdots (g-1)} \cdot \frac{\partial^{g-1}\left(\frac{1}{x}\right)}{\partial x^{g-1}}$$

が成立します．$f(x) = (1, x)\pi \cotang \pi x$ の場合と同様にして計算を進めると，等式 (d) は上記の等式 (f) に変換されることがわ

かります．代数的な等式 (d) と超越関数に対する等式 (e) の双方がこうして同じ形の等式に統合されました．アイゼンシュタインはこの状況に深い意味合いを感じとった模様です．代数的な恒等式の中に，円関数の加法定理のような超越関数の属性の根拠を見出だしたという感慨に襲われたのでしょう．

■■ 余接関数 $\cotang x$ の加法定理

　円関数の加法定理の一例として，アイゼンシュタインは余接関数 $\cotang x$ を取り上げました．級数 $\sum \dfrac{1}{x+m}$ は諸項を加える順序に依存することなくある確定値に収束するということはありませんが，それでもなお等式

$$\sum \left\{ \frac{1}{x+m} - \frac{1}{y+m} \right\} = (1, x) - (1, y)$$

は成立します．これを確認するため，級数 $\sum \dfrac{1}{x+m}$ の諸項を加える順序を変更するときの状況を観察すると，まず $\nabla \sum \dfrac{1}{x+m}$ $= \nabla \sum' \dfrac{1}{x+m}$ となります．ここで，∇ は諸項を加える順序の変更にともなう級数の値の差分を表す記号です．また，記号 $\sum'$ は，m, x の絶対値をそれぞれ $M(m), M(x)$ とするとき，不等式 $M(m) > M(x)$ を満たす m のみに関する和を表しています．このとき，

$$\sum' \frac{1}{x+m} = \sum' \frac{1}{m} - x \sum' \frac{1}{m^2} + x^2 \sum' \frac{1}{m^3} - \cdots$$

という表示が得られますが，諸項の配列の仕方に依存せずに収束する級数については $\nabla \sum' \dfrac{1}{m^2} = 0, \ \nabla \sum' \dfrac{1}{m^3} = 0, \cdots$ となりますから，

$$\triangledown \sum \frac{1}{x+m} = \triangledown \sum{}' \frac{1}{m} = \triangledown \sum{}^{*} \frac{1}{m}$$

となります．それゆえ，諸項の配列順に伴う級数 $\sum \dfrac{1}{x+m}$ の

値の変分は x に依存しない数値です．したがって二つの級数

$\dfrac{1}{x+m}$, $\dfrac{1}{y+m}$ の諸項の配列の変更に伴う変分は相殺されて，差

の値は不変に保たれます．これで確認されました．あるいはま

た，この性質は一般項を

$$\frac{1}{x+m} - \frac{1}{y+m} = \frac{y-x}{(x+m)(y+n)}$$

と表示すれば明らかになります．

　　この状況を踏まえて積

$$\left\{ \frac{1}{x+m} - \frac{1}{y+m} \right\}\left\{ \frac{1}{x+n} - \frac{1}{y+n} \right\}$$

をつくり，m と n に関して加えると，2重無限級数

$$((1, x) - (1, y))^2$$

が現れます．この級数は諸項の配列の仕方に依存することなく

収束します．積を展開すると，

$$\left\{ \frac{1}{x+m} - \frac{1}{y+m} \right\}\left\{ \frac{1}{x+n} - \frac{1}{y+n} \right\}$$

$$= \frac{1}{(x+m)(x+n)} - \frac{1}{(x+m)(y+n)} - \frac{1}{(y+m)(x+n)} + \frac{1}{(y+m)(y+n)}.$$

4個の項の各々を部分分数に分けると，$m \neq n$ の場合には，

$$\frac{1}{(x+m)(x+n)} = \frac{1}{m-n}\left(-\frac{1}{x+m} + \frac{1}{x+n} \right)$$

$$\frac{1}{(x+m)(y+n)} = -\frac{1}{x-y+m-n}\left(\frac{1}{x+m} - \frac{1}{y+n} \right)$$

$$\frac{1}{(y+m)(x+n)} = -\frac{1}{y-x+m-n}\left(\frac{1}{y+m} - \frac{1}{x+n} \right)$$

$$\frac{1}{(y+m)(y+n)} = \frac{1}{m-n}\left(-\frac{1}{y+m} + \frac{1}{y+n} \right)$$

という形になります．それゆえ，

$$\left\{\frac{1}{x+m}-\frac{1}{y+m}\right\}\left\{\frac{1}{x+n}-\frac{1}{y+n}\right\}$$

$$=\frac{1}{m-n}\left\{-\frac{1}{x+m}+\frac{1}{x+n}-\frac{1}{y+m}+\frac{1}{y+n}\right\}$$

$$+\frac{1}{x-y+m-n}\left\{\frac{1}{x+m}-\frac{1}{y+n}\right\}$$

$$+\frac{1}{y-x+m-n}\left\{\frac{1}{y+m}-\frac{1}{x+n}\right\}$$

と表示されます．この式は三つの部分でつくられていて，後者の二つは $m=n$ の場合にもそのままで有効ですが，第 1 の部分については無効になってしまいます．$m=n$ の場合，第 1 の部分に代るのは

$$\frac{1}{(x+m)^2}+\frac{1}{(y+m)^2}$$

という式で，これをあらゆる整数にわたって総和をつくると $(2,x)+(2,y)$ が現れます．

　$m\neq n$ の場合の表示式をつくる三つの部分のうち，まず第 1 の部分

$$\frac{1}{m-n}\left\{-\frac{1}{x+m}+\frac{1}{x+n}-\frac{1}{y+m}+\frac{1}{y+n}\right\}$$

を一般項として，m,n のあらゆる整数値に関して和をつくってみます．$m-n=k$ と置き，これを新たな指数として採用すると，$n=m-k$ より，一般項

$$\frac{1}{k}\left\{-\frac{1}{x+m}+\frac{1}{x+m-k}-\frac{1}{y+m}-\frac{1}{y+m-k}\right\}$$

の m と k に関する総和をつくることになりますが，m に関して総和をつくるとあらゆる項が相殺されてしまいます．第 2 の部分

$$\frac{1}{x-y+m-n}\left\{\frac{1}{x+m}-\frac{1}{y+n}\right\}$$

を一般項と見て m,n のあらゆる整数値にわたって加えると，

$$(1,x-y)\{(1,x)-(1,y)\}$$

が生じます．また，第 3 の部分

$$\frac{1}{y-x+m-n}\left\{\frac{1}{y+m}-\frac{1}{x+n}\right\}$$

からは

$$(1,y-x)\{(1,y)-(1,x)\}$$

が生じます．これらをすべて合わせると，

$$(1,x-y)\{(1,x)-(1,y)\}+(1,y-x)\{(1,y)-(1,x)\}+(2,x)+(2,y)$$

が得られます．$(1,y-x)=-(1,x-y)$ に留意すると，これは

$$(2,x)+(2,y)+2(1,x-y)\{(1,x)-(1,y)\}$$

にほかなりません．それゆえ，等式

$$(2,x)+(2,y)+2(1,x-y)\{(1,x)-(1,y)\}=\{(1,x)-(1,y)\}^2$$

が成立します．y を $-y$ に変えると，$(1,-y)=-(1,y)$, $(2-y)=(2,y)$ により，

$$(2,x)+(2,y)+2(1,x+y)\{(1,x)+(1,y)\}=\{(1,x)+(1,y)\}^2.$$

こうして加法定理を内包する等式

$$2(1,x+y)\{(1,x)+(1,y)\}=\{(1,x)+(1,y)\}^2-(2,x)-(2,y)$$

に到達しました．

前章で二つの関数 $(1,x)$ と $(2,x)$ を連繋する等式

$$(2,x)=(1,x)^2+3(2^*,0)=(1,x)^2+\pi^2$$

を報告しました（第 10 章，式 (3)．137 頁参照）．$(2,y)$ と $(1,y)$ もまた等式 $(2,y)=(1,y)^2+\pi^2$ により結ばれています．これらを上記の等式に代入すると，$(1,x+y)$ を $(1,x)$, $(1,y)$ を用いて表示する等式

$$(1,x+y)=\frac{\{(1,x)+(1,y)\}^2-(2,x)-(2,y)}{2\{(1,x)+(1,y)\}}$$

$$=\frac{2(1,x)(1,y)+\{(1,x)^2-(2,x)\}+\{(1,y)^2-(2,y)\}}{2\{(1,x)+(1,y)\}}$$

$$=\frac{2(1,x)(1,y)-\pi^2-\pi^2}{2\{(1,x)+(1,y)\}}=\frac{(1,x)(1,y)-\pi^2}{(1,x)+(1,y)}$$

が得られます．関数 $(1, x)$ が余接関数であることはこれまでの
ところで判明していますから，この等式により余接関数の加
法定理が記述されていることになります．$(1, x) = \pi \cotang \pi x$,
$(1, y) = \pi \cotang \pi y$ に留意し，$u = \pi x$, $v = \pi y$ として具体的に書
き表すと，

$$\cotang(u+v) = \frac{\cotang u \cotang v - 1}{\cotang u + \cotang v}$$

という形になります．

■■ 2 重無限級数にもどって

　円関数との関連に目を留めながら単純無限級数の考察を続け
てきましたが，アイゼンシュタインはここで 2 重無限級数

$$\sum_{m,n} \frac{1}{(\alpha m + \beta n + \gamma)^{2g}}, \ \sum_{m,n} \frac{1}{(\alpha m + \beta n + \gamma)^{2g+1}},$$

に立ち返りました．考察の基礎となるのは，単純無限級数に対
して成立する二つの等式

（Ⅱ）$(2g, x) = \sum \dfrac{1}{(x+m)^{2g}}$

$$= \pi^{2g}\left(\frac{a}{\sin^2 \pi x} + \frac{a'}{\sin^4 \pi x} + \frac{a''}{\sin^6 \pi x} + \cdots + \frac{1}{\sin^{2g} \pi x}\right)$$

（Ⅲ）$(2g+1, x) = \sum \dfrac{1}{(x+m)^{2g+1}}$

$$= \pi^{2g+1}\left(\frac{b\cos \pi x}{\sin^3 \pi x} + \frac{b'cso\pi x}{\sin^5 \pi x} + \frac{b''\cos \pi x}{\sin^7 \pi x} + \cdots + \frac{\cos \pi x}{\sin^{2g+1} \pi x}\right)$$

で，これらについては前章で報告したとおりです．

$$(\alpha m + \beta n + \gamma)^{2g} = \alpha^{2g}\left(m + \frac{\beta n + \gamma}{\alpha}\right)^{2g}$$

と表記し，式（II）において x として $\dfrac{\beta n + \gamma}{\alpha}$ を採用して m に関して和をつくると，無限級数

$$\sum_{m=-\infty}^{m=\infty} \frac{1}{(\alpha m + \beta n + \gamma)^{2g}}$$

は，定乗法子 $\dfrac{1}{\alpha^{2g}}$ は別として，

$$\frac{1}{\sin^2 \pi \frac{\beta n + \gamma}{\alpha}}, \quad \frac{1}{\sin^4 \pi \frac{\beta n + \gamma}{\alpha}}, \quad \frac{1}{\sin^6 \pi \frac{\beta n + \gamma}{\alpha}}, \quad \cdots$$

という形の関数の集りとして把握されます．同様に，無限級数

$$\sum_{m=-\infty}^{m=\infty} \frac{1}{(\alpha m + \beta n + \gamma)^{2g+1}}$$

は，$g > 0$ のとき，定乗法子 $\dfrac{1}{\alpha^{2g+1}}$ は別として，

$$\frac{\cos \pi \frac{\beta n + \gamma}{\alpha}}{\sin^3 \pi \frac{\beta n + \gamma}{\alpha}}, \quad \frac{\cos \pi \frac{\beta n + \gamma}{\alpha}}{\sin^5 \pi \frac{\beta n + \gamma}{\alpha}}, \quad \frac{\cos \pi \frac{\beta n + \gamma}{\alpha}}{\sin^7 \pi \frac{\beta n + \gamma}{\alpha}}, \quad \cdots$$

という形の関数の集りとして把握されます．$g = 0$ の場合には

$$\sum_{m=-\infty}^{m=\infty} \frac{1}{\alpha m + \beta n + \gamma} = \frac{\pi}{\alpha} \operatorname{cotang} \pi \frac{\beta n + \gamma}{\alpha}$$

となります．

　m に関して総和を行うときの状況はこれでよいとして，続いてこのような形の関数を n に関して加えて無限級数をつくることになります．表記を簡明にするために $\dfrac{\pi \beta}{\alpha} = \eta, \dfrac{\pi \gamma}{\alpha} = \xi$ と置くと，n に関する無限級数の一般項の形は，定乗法子を別にすると

$$\frac{1}{\sin^{2g}(n\eta + \xi)}, \text{あるいは} \frac{\cos(n\eta + \xi)}{\sin^{2g+1}(n\eta + \xi)},$$

$$\text{あるいは} \operatorname{cotang}(n\eta + \xi)$$

というふうになります．そこで一般に，g と h は非負整数として，

$$\sum_{m=-\infty}^{m=\infty} \frac{\cos^h(n\eta+\xi)}{\sin^g(n\eta+\xi)} \ , \ \text{あるいは} \ \sum_{m=-\infty}^{m=\infty} \frac{\sin^h(n\eta+\xi)}{\cos^g(n\eta+\xi)}$$

という形の無限級数を考察し，$g>h$ であれば，これらの級数は諸項を加える順序に依存せずにつねに収束することを，アイゼンシュタインは証明しています．級数 $\sum \mathrm{cotang}(n\eta+\xi)$，あるいはまた一般に $g=h$ の場合については特別の吟味が必要です．

■■ $g>h$ の場合における無限級数の収束性の証明

無限級数

$$\sum_{m=-\infty}^{m=\infty} \frac{\cos^h(n\eta+\xi)}{\sin^g(n\eta+\xi)}$$

を取り上げて，$g>h$ の場合には収束することをアイゼンシュタインとともに確認してみます．複素指数関数を用いて，

$$\cos(n\eta+\xi) = \frac{1}{2}(e^{(n\eta+\xi)i} + e^{-(n\eta+\xi)i}),$$

$$\sin(n\eta+\xi) = \frac{1}{2i}(e^{(n\eta+\xi)i} - e^{-(n\eta+\xi)i}) \quad (i=\sqrt{-1})$$

と表示すると，上記の無限級数の一般項は

$$\frac{\cos^h(n\eta+\xi)}{\sin^g(n\eta+\xi)} = 2^{g-h}i^g \times \frac{(e^{(n\eta+\xi)i} + e^{-(n\eta+\xi)i})^h}{(e^{(n\eta+\xi)i} - e^{-(n\eta+\xi)i})^g}$$

と表されます．隣り合う 2 項の比が 1 よりも小さい数値に収束していくことが判明したなら，級数は収束することが確められたことになります．

n の符号を変えても一般項の形は変らないことに留意すると，n が正の場合のみを考えれば十分であることが諒解されます．この場合，指数関数

$$e^{(n\eta+\xi)i} \pm e^{-(n\eta+\xi)i}$$

は，n が無限大に向うとき，ηi の実部が正であるか，あるいは負であるのに応じて $e^{(n\eta+\xi)i}$ あるいは $\pm e^{-(n\eta+\xi)i}$ に近づいていきま

す．この状況をひとことで言い表せば，この指数関数は増大する n とともに

$$\pm e^{\pm(n\eta+\xi)}$$

に近づいていくということです．ここで，冪指数 $\pm(n\eta+\xi)$ に見られる複号は，$\pm\eta i$ の実部が正になるように定めるものとします．$\pm\eta$ における i の係数が負になるように定めると言っても同じことになります．また，$\eta = \dfrac{\pi\beta}{\alpha}$ ですから，$\pm\eta$ における i の係数は 0 ではないことにも留意しておきたいところです．

これで，提示された 2 重無限級数の一般項 $\dfrac{\cos^h(n\eta+\xi)}{\sin^g(n\eta+\xi)}$ は，限りなく増大する n とともに

$$\pm\frac{e^{\pm h(n\eta+\xi)i}}{e^{\pm g(n\eta+\xi)i}} = \pm e^{\pm(h-g)(n\eta+\xi)i}$$

に向うこと，したがってその絶対値は
$M(e^{\pm(h-g)(n\eta+\xi)i})$ に向うことがわかりました．これを言い換えると，この絶対値と一般項の絶対値との商は n が増大していくのにつれてどこまでも 1 に近づいていくということです．それゆえ，提示された無限級数の第 n 項の絶対値と第 $n+1$ 項の絶対値の商

$$\frac{M(e^{\pm(h-g)[(n+1)\eta+\xi]i})}{M(e^{\pm(h-g)(n\eta+\xi)i})}$$

は増大する n とともに $M(e^{\pm(h-g)\eta i})$ に収束します．ここで，$\pm\eta i$ の実部は正で，$h-g$ は仮定により負ですから冪指数 $\pm(h-g)\eta i$ の実部は負になります．ところが，一般に実部 u が負の複素数 $u+vi$ に対し，$M(e^{u+vi}) = M(e^u) < 1$ となりますから，$M(e^{\pm(h-g)\eta i}) < 1$ となります．これで，提示された無限級数は収束することが確かめられました．しかも確認の仕方から明らかなように，この収束は絶対収束で，諸項を加える順序に依存することがありません．

第 12 章

アイゼンシュタインのテータ関数

■■ $g = h$ の場合

ここまでのところで無限級数

$$\sum_{n=-\infty}^{n=\infty} \frac{\cos^h(n\eta+\xi)}{\sin^g(n\eta+\xi)}$$

は $g > h$ の場合には収束すること，しかもその収束は諸項を加える順序に依存することがないことが確認されました．そのおりの論証を振り返ると，$g < h$ の場合には発散することも同時にわかります．$g = h$ の場合には，収束するとしても，諸項の順序に依存することになります．

以下しばらく $g = h$ の場合を考えます．$\cos^2(n\eta+\xi) = 1 - \sin^2(n\eta+\xi)$ に留意すると，ここで取り上げている無限級数の各項の分子に見られる余弦の h 次の冪は，h が偶数なら正弦の冪により表され，h が奇数なら $\cos(n\eta+\xi)$ と正弦の冪の形に表されます．そのように表示したうえで各項を分母の $\sin^h(n\eta+\xi)$ で割ると，h の偶奇に応じてさまざまな形の項が現れます．一例として $h = 2$ の場合に計算を進めると，

$$\frac{\cos^2(n\eta+\xi)}{\sin^2(n\eta+\xi)} = \frac{1-\sin^2(n\eta+\xi)}{\sin^2(n\eta+\xi)}$$
$$= \frac{1}{\sin^2(n\eta+\xi)}-1$$

となり，定数項 -1 が現れます．$h=4$ の場合であれば，

$$\frac{\cos^4(n\eta+\xi)}{\sin^4(n\eta+\xi)} = \frac{(1-\sin^2(n\eta+\xi))^2}{\sin^4(n\eta+\xi)}$$
$$= \frac{1-2\sin^2(n\eta+\xi)+\sin^4(n\eta+\xi)}{\sin^4(n\eta+\xi)}$$
$$= \frac{1}{\sin^4(n\eta+\xi)}-\frac{2}{\sin^2(n\eta+\xi)}+1$$

となり，今度は定数項 1 が残ります．これらの項を集めて n に関して総和をつくると，すでに $g>h$ の場合として処理された級数が生じます．$h=2$ の場合なら，$\displaystyle\sum_{n=-\infty}^{n=\infty}\frac{1}{\sin^2(n\eta+\xi)}$，$h=4$ の場合なら $\displaystyle\sum_{n=-\infty}^{n=\infty}\frac{1}{\sin^4(n\eta+\xi)}$ と $\displaystyle\sum_{n=-\infty}^{n=\infty}\frac{1}{\sin^2(n\eta+\xi)}$ で，これらはみな収束します．ところが，これらの級数では汲み尽くせない諸項も残ります．それは，$h=2$ の場合なら -1，$h=4$ の場合なら 1 で，この定数を無数に加えると発散してしまいます．これを言い換えると，$h=2$ および $h=4$ の場合には無限級数 $\displaystyle\sum_{n=-\infty}^{n=\infty}\frac{\cos^h(n\eta+\xi)}{\sin^h(n\eta+\xi)}$ は発散級数を内包しているということにほかならず，まさしくそれゆえに，これらの場合は除外しなければならないことになります．一般に h が偶数の場合には同様の状況が現れます．

　h が奇数の場合にはいくぶん異なる状況に直面します．試みに $h=3$ の場合を考えてみると，一般項は

$$\frac{\cos^3(n\eta+\xi)}{\sin^3(n\eta+\xi)} = \frac{\cos(n\eta+\xi)(1-\sin^2(n\eta+\xi))}{\sin^3(n\eta+\xi)}$$
$$= \frac{\cos(n\eta+\xi)}{\sin^3(n\eta+\xi)}-\frac{\cos(n\eta+\xi)}{\sin(n\eta+\xi)}$$

と変形されます．これらの項を n に関して加える際，$g>h$ の場合の考察により明らかになったことにより，級数

$$\sum_{n=-\infty}^{n=\infty} \frac{\cos(n\eta+\xi)}{\sin^3(n\eta+\xi)}$$

は収束して有限確定値をとります．そこで，なお残されている和

$$\sum_{n=-\infty}^{n=\infty} \frac{\cos(n\eta+\xi)}{\sin(n\eta+\xi)}$$

が収束するか否かの検討が要請されることになります．一般の奇数の場合に状況は同様です．

■■ 無限級数 $\sum \mathrm{cotang}(n\eta+\xi)$ の検討

$\dfrac{\cos(n\eta+\xi)}{\sin(n\eta+\xi)} = \mathrm{cotang}(n\eta+\xi)$ となりますから，収束性の検討の対象となる無限級数は

$$\sum \mathrm{cotang}(n\eta+\xi)$$

という形になります．この級数は諸項を適当な順序に配列して加えると収束しますが，その状況は非常に微妙ですので，「最大限の注意を払って（mit der grössten Vorsicht）」考えていかなければならないとアイゼンシュタインは言っています．

$\mathrm{cotang}(\xi+n\eta)$ と $\mathrm{cotang}(\xi-n\eta)$ を組にして加えると，

$$\mathrm{cotang}(\xi+n\eta)+\mathrm{cotang}(\xi-n\eta) = \frac{\sin 2\xi}{\sin(\xi+n\eta)\sin(\xi-n\eta)}$$

という形になり，分子の $\sin 2\xi$ は n と無関係の数値ですから，収束するか否かを調べなければならないのは無限級数

$$\sum_{n=1}^{n=\infty} \frac{1}{\sin(\xi+n\eta)\sin(\xi-n\eta)}$$

です．ところが，各項の絶対値をとって無限級数

$$\sum_{n=1}^{n=\infty} \frac{1}{M\sin(\xi+n\eta)},\ \sum_{n=1}^{n=\infty} \frac{1}{M\sin(\xi-n\eta)}$$

をつくると，前に考察した $g>h$ の場合により，これらはいずれも諸項を加える順序に依存することなく収束します．それゆえ，無限級数

$$\sum_{n=1}^{n=\infty} \frac{1}{M\sin(\xi+n\eta)M(\xi-n\eta)}$$

もまた諸項の配列に依存せずに収束します．

収束することが判明したことにより，変数 ξ の関数が定まりますが，その関数には不連続点が存在することに留意しておく必要があります．

指数の変換を表示する記号として，アイゼンシュタインは「∞」を提案しました．そこでこの記号を踏襲して，指数変換 $m\infty m+\lambda,\ n\infty n+\nu$ を行うと，α と β は不変ですが，γ は $\gamma+\lambda\alpha+\nu\beta$ に変換されます．すなわち，$\gamma\infty\gamma+\lambda\alpha+\nu\beta$ となります．この指数変換により 2 重無限級数 $\sum\sum\dfrac{1}{(\alpha m+\beta n+\gamma)^g}$ は冪指数 $g>1$ であれば何も影響を受けませんが，$g=1$ の場合には増分 $\nabla=\delta\dfrac{2\nu\pi i}{\alpha}$ が発生します．α,β は不変ですから

$\omega=\dfrac{\beta}{\alpha}$ と $\eta=\dfrac{\pi\beta}{\alpha}$ も不変ですが，$\xi=\dfrac{\pi\gamma}{\alpha}$ は変化して，

$$\xi=\frac{\pi\gamma}{\alpha}\infty\frac{\pi(\gamma+\lambda\alpha+\nu\beta)}{\alpha}=\xi+\lambda\pi+\nu\eta$$

となります．

ここで，m に関する総和を

$$\sum\frac{1}{(\alpha m+\beta n+\gamma)^g}=\frac{1}{\alpha^g}\sum\frac{1}{(m+\frac{\beta n+\gamma}{\alpha})^g}$$
$$=\frac{1}{\alpha^g}\sum\frac{1}{(m+\frac{n\eta+\xi}{\pi})^g}$$

と変形し，既述の等式

$$\sum \frac{1}{m+\frac{n\eta+\xi}{\pi}} = \pi \, \mathrm{cotang}(n\eta+\xi)$$

により，

$$\sum \frac{1}{(m+\frac{n\eta+\xi}{\pi})^g} = \frac{(-1)^{g-1}\pi^g}{1\cdot 2\cdots(g-1)} \frac{\partial^{g-1}}{\partial\xi^{g-1}} \mathrm{cotang}(n\eta+\xi)$$

が成立することに留意すると，

$$\sum \frac{1}{(\alpha m+\beta n+\gamma)^g} = \frac{1}{\alpha^g}\frac{(-1)^{g-1}\pi^g}{1\cdot 2\cdots(g-1)} \frac{\partial^{g-1}}{\partial\xi^{g-1}}(\mathrm{cotang}(n\eta+\xi))$$

(IV)　$$\sum\sum \frac{1}{(\alpha m+\beta n+\gamma)^g}$$

$$= \frac{\pi^g}{\alpha^g}\frac{(-1)^{g-1}}{1\cdot 2\cdots(g-1)}\sum \frac{\partial^{g-1}}{\partial\xi^{g-1}}(\mathrm{cotang}(n\eta+\xi))$$

という表示が得られます．それゆえ，$\xi'=\xi+\lambda\pi+\nu\eta$ と置くと，$g>1$ であれば，等式

$$\sum_n \frac{\partial^{g-1}\mathrm{cotang}(n\eta+\xi')}{\partial\xi'^{g-1}} = \sum_n \frac{\partial^{g-1}\mathrm{cotang}(n\eta+\xi)}{\partial\xi^{g-1}}$$

が成立します．$g=1$ に対しては，

$$\frac{\pi}{\alpha}\sum \mathrm{cotang}(n\eta+\xi') = \frac{\pi}{\alpha}\sum \mathrm{cotang}(n\eta+\xi)+\delta\frac{2\nu\pi i}{\alpha}$$

となり，これより等式

$$\sum \mathrm{cotang}(n\eta+\xi') = \sum \mathrm{cotang}(n\eta+\xi)+2\delta\nu i$$

が得られます．ここで，δ は，$\omega=\frac{\beta}{\alpha}$ における i の係数が正であるか，あるいは負であるのに応じて $\delta=-1$ もしくは $\delta=+1$ となります．

　ここまでのところを定理の形にまとめると次のようになります．

《A. $\displaystyle\sum\frac{\partial^{g-1}\mathrm{cotang}(n\eta+\xi)}{\partial\xi^{g-1}}$ という形の和は，　$g>1$ であれば，変数 ξ の 2 重周期関数であり，二つの周期モジュール π と η をもつ．これを言い換えると，ξ が $\lambda\pi+\nu\eta$ だけ増大してもこの和の値は変らない．$g=1$ に対しては，この和はモジュール π をもつ単純周期関数であり，一般に ξ が $\lambda\pi+\nu\eta$ だけ増大するとき増分 $2\delta\nu i=\pm2\nu i$ を獲得する．》

■■ 第 2 種指数変換

　今度は第 2 種の指数変換を実行してその効果を観察してみます．アイゼンシュタインの記号 ∞ を用いると，第 2 種指数変換は

$$m\infty\lambda m+\mu n,\ n\infty\nu m+\rho n$$

という形に表記されます．この変換により，α と β は

$$\alpha\infty\lambda\alpha+\nu\beta=\alpha',\ \beta\infty\mu\alpha+\rho\beta=\beta'$$

という変換を受け入れます．γ は変りません．$\omega=\dfrac{\beta}{\alpha}$ と $\xi=\dfrac{\pi\gamma}{\alpha}$ は，

$$\omega\infty\frac{\mu\alpha+\rho\beta}{\lambda\alpha+\nu\beta}=\frac{\mu+\rho\omega}{\lambda+\nu\omega}=\omega',\ \xi\infty\frac{\pi\gamma}{\lambda\alpha+\nu\beta}=\frac{\xi}{\lambda+\nu\omega}=\xi'$$

と変換されます．第 2 種 指 数 変 換 により 2 重 無 限 積 $\displaystyle\sum\sum\frac{1}{(\alpha m+\beta n+\gamma)^g}$ が受ける変化についてはすでに判明しています．その結果を踏まえると，式 (IV) により，$\eta=\dfrac{\pi\beta}{\alpha}=\pi\omega$ に留意して，

$$\frac{1}{\alpha'^{\,g}}\sum \frac{\partial^{g-1}\operatorname{cotang}(n\pi\omega'+\xi')}{\partial \xi'^{\,g-1}}$$

$$=\frac{1}{\alpha^{g}}\sum \frac{\partial^{g-1}\operatorname{cotang}(n\pi\omega+\xi)}{\partial \xi^{\,g-1}}+\frac{(-1)^{g-1}1\cdot2\cdots(g-1)}{\pi^{g}}\,\triangledown$$

という形の等式が得られます．ここで，

$$\triangledown=\begin{cases}-\delta\,\dfrac{2\nu\pi i}{\alpha\alpha'}\,\gamma,\ g=1\\[2mm]\delta\,\dfrac{2\nu\pi i}{\alpha\alpha'},\ g=2\\[2mm]0,\ g>2.\end{cases}$$

この式を

$$\sum \frac{\partial^{g-1}\operatorname{cotang}(n\pi\omega'+\xi')}{\partial \xi'^{\,g-1}}$$

$$-\left(\frac{\alpha'}{\alpha}\right)^{g}\sum \frac{\partial^{g-1}\operatorname{cotang}(n\pi\omega+\xi)}{\partial \xi^{\,g-1}}\mid\varDelta$$

と言う形に書き直すと，$\varDelta$ は，$g=1$ のときは

$$\varDelta=-\delta\,\frac{2\nu\gamma i}{\alpha}=-\frac{\delta}{\pi}\times 2\nu\xi i$$

となり，$g=2$ のときは，

$$\varDelta=-\frac{\delta}{\pi}\,\frac{2\nu\alpha' i}{\alpha}=-\frac{\delta}{\pi}\,\frac{2\nu(\lambda\alpha+\nu\beta)i}{\alpha}$$

$$=-\frac{2\delta\nu i}{\pi}\left(\lambda+\frac{\nu\beta}{\alpha}\right)=-\frac{2\delta\nu i}{\pi}(\lambda+\nu\omega)$$

となります．また，$g>2$ のときは $\varDelta=0$ です．ここで，さらに

$$\left(\frac{\alpha'}{\alpha}\right)^{g}=(\lambda+\nu\omega)^{g}$$

と置くと，上記の等式から α,β,γ の姿が消失し，ω と ξ のみの式になります．これで次に挙げる定理が得られました．

《B．無限級数 $\dfrac{\partial^{g-1}\operatorname{cotang}(n\pi\omega+\xi)}{\partial \xi^{\,g-1}}$ において，ω は実ではない任意の複素数，ξ は任意の複素数とする．また，4 個の有理整

数 λ, μ, ν, ρ は条件 $\lambda\rho - \mu\nu = \pm 1$ を満たすように選定する. ω の代りに $\omega' = \dfrac{\mu + \rho\omega}{\lambda + \nu\omega}$ を採用し，同時に ξ の代りに $\xi' = \dfrac{\xi}{\lambda + \nu\omega}$ を採用すると，上記の無限級数には因子 $(\lambda + \nu\omega)^g$ が乗じられるとともに，増分 Δ を受け入れる. ここで，Δ は，$g = 1$ のとき $-\dfrac{2\delta\nu i}{\pi}\xi$, $g = 2$ のとき $-\dfrac{2\delta\nu i}{\pi}(\lambda + \nu\omega)$, $g > 2$ のとき 0 である.》

■■ 2 重無限積の和

　アイゼンシュタインは 2 重無限積の計算の遂行をめざして等式（I）に立ち返りました. 等式（I）というのは，

$$\prod\left(1 - \frac{x}{\alpha m + \beta}\right) = \frac{\sin\pi(\omega - \xi)}{\sin\pi\omega}$$

という等式のことで，ここでは $\omega = \dfrac{\beta}{\alpha}$, $\xi = \dfrac{x}{\alpha}$ と表記されました（142 頁参照）. この等式において $\beta \infty \beta n + \gamma$ という置き換えを行うと，

$$\prod_{m=-\infty}^{m=\infty}\left\{1 - \frac{x}{\alpha m + \beta n + \gamma}\right\} = \frac{\sin\pi\left(\frac{\beta n + \gamma}{\alpha} - \frac{x}{\alpha}\right)}{\sin\pi\cdot\frac{\beta n + \gamma}{\alpha}}$$

$$= \frac{\sin\left(n\cdot\frac{\pi\beta}{\alpha} + \frac{\pi\gamma}{\alpha} - \frac{\pi x}{\alpha}\right)}{\sin\left(n\cdot\frac{\pi\beta}{\alpha} + \frac{\pi\gamma}{\alpha}\right)}$$

$$= \frac{\sin(n\eta + \xi - y)}{\sin(n\eta + \xi)} = \frac{e^{(n\eta + \xi - y)i} - e^{-(n\eta + \xi - y)i}}{e^{(n\eta + \xi)i} - e^{-(n\eta + \xi)i}}$$

と変形が進みます. ここで，

$$\eta = \frac{\pi\beta}{\alpha}, \; \xi = \frac{\pi\gamma}{\alpha}, \; y = \frac{\pi x}{\alpha}$$

と置きました. これより

$$\prod_{n=-\infty}^{n=\infty}\prod_{m=-\infty}^{m=\infty}\left\{1 - \frac{x}{\alpha m + \beta n + \gamma}\right\} = \prod_{n=-\infty}^{n=\infty}\frac{\sin(n\eta + \xi - y)}{\sin(n\eta + \xi)}$$

$$= \prod_{n=-\infty}^{n=\infty}\frac{e^{(n\eta + \xi - y)i} - e^{-(n\eta + \xi - y)i}}{e^{(n\eta + \xi)i} - e^{-(n\eta + \xi)i}}$$

となります．そこで $e^{\eta i}=p$, $e^{\xi i}=\zeta$, $e^{yi}=z$ と置くと，最後に到達した n に関する無限積の一般項は

$$\frac{e^{(n\eta+\xi-y)i}-e^{-(n\eta+\xi-y)i}}{e^{(n\eta+\xi)i}-e^{-(n\eta+\xi)i}}=\frac{p^n\zeta z^{-1}-p^{-n}\zeta^{-1}z}{p^n\zeta-p^{-n}\zeta^{-1}}$$

と表示されます．η は実数ではない複素数ですから，ηi の実部は 0 と異なります．それゆえ，p の絶対値 $M(p)$ が 1 になることはなく，ηi の実部が正であるか，あるいは負であるのに応じて $M(p)>1$ となるか，あるいは $M(p)<1$ となります．$\eta=\pi\omega$ ですから ηi の実部と ωi の実部は同符号です．したがって，ω における i の係数の正負に応じて $M(p)>1$ もしくは $M(p)<1$ となることになります．これを言い換えると，$\delta=+1$ となるか，あるいは $\delta=-1$ （δ については 105 頁参照）となるのに応じて $M(p)>1$ もしくは $M(p)<1$ となるということにほかならず，いずれにしてもつねに

$$M(p)^{-\delta}<1$$

となります．そこで

$$p^{-\delta}=e^{-\delta\eta i}=q=e^{-\delta\frac{\pi\beta i}{\alpha}}$$

と置くと，つねに

$$M(q)<1$$

となりますが，「これはヤコビにより導入された表記と一致する（was mit der von Jacobi eingeführten Bezeichnung übereinstimmt）」とアイゼンシュタインは言い添えました．

　ヤコビは著作『楕円関数論の新しい基礎』（1829 年）において，モジュール k をもつ第 1 種楕円積分

$$K=\int_0^1\frac{dx}{\sqrt{(1-x^2)(1-k^2x^2)}}$$

と，k の補モジュール，すなわち $k^2+k'^2=1$ をみたす k' をモジュールにもつもうひとつの第 1 種楕円積分

$$K' = \int_0^1 \frac{dx}{\sqrt{(1-x^2)(1-k'^2 x^2)}}$$

をつくり，定数 q を

$$q = e^{-\frac{\pi K'}{K}}$$

と定めました．これはアイゼンシュタインが導入した記号 q と同じものであるというのがアイゼンシュタインの註記です．

　無限積の一般項にもどると，p, ζ, z を用いて

$$\frac{p^n \zeta z^{-1} - p^{-n} \zeta^{-1} z}{p^n \zeta - p^{-n} \zeta^{-1}}$$

という形に表されます．これをさらに変形し，p の絶対値が 1 より大きい場合には

$$z^{-1} \cdot \frac{1 - p^{-2n} \zeta^{-2} z^2}{1 - p^{-2n} \zeta^{-2}}$$

という形に表示し，p の絶対値が 1 より小さい場合には

$$z \cdot \frac{1 - p^{2n} \zeta^2 z^{-2}}{1 - p^{2n} \zeta^2}$$

という形に表示しておきます．そうして p の代りに q を用いて，この一般項を n の正負に応じて 2 通りの形に表します．すなわち，$n > 0$ のときは

$$z^{-\delta} \frac{1 - q^{+2n} \zeta^{-2\delta} z^{+2\delta}}{1 - q^{+2n} \zeta^{-2\delta}}$$

と表記し，$n < 0$ のときは

$$z^{+\delta} \frac{1 - q^{-2n} \zeta^{+2\delta} z^{-2\delta}}{1 - q^{-2n} \zeta^{+2\delta}}$$

と表記します．$n > 0$ として，第 n 番目の因子と第 $-n$ 番目の因子の積をつくると，等式

$$\frac{(1 - q^{2n} \zeta^{-2\delta} z^{2\delta})(1 - q^{2n} \zeta^{2\delta} z^{-2\delta})}{(1 - q^{2n} \zeta^{-2\delta})(1 - q^{2n} \zeta^{2\delta})}$$

$$= (1 - q^{2n} \zeta^2 z^{-2})(1 - q^{2n} \zeta^{-2} z^2) : (1 - q^{2n} \zeta^2)(1 - q^{2n} \zeta^{-2})$$

が得られます．また，$n = 0$ に対応する因子は

$$\frac{\zeta z^{-1} - \zeta^{-1} z}{\zeta - \zeta^{-1}}$$

です．これらの因子をすべて乗じると，その積は分数の形に表示され，その分数の分母は，

$$(\zeta - \zeta^{-1}) \prod_{n=1}^{n=\infty} (1 - q^{2n} \zeta^2) \prod_{n=1}^{n=\infty} (1 - q^{2n} \zeta^{-2})$$

$$= (\zeta - \zeta^{-1})(1 - q^2 \zeta^2)\left(1 - \frac{q^2}{\zeta^2}\right) \times (1 - q^4 \zeta^2)\left(1 - \frac{q^4}{\zeta^2}\right) \cdots = \chi(\zeta)$$

となります．この式において ζ を $\frac{\zeta}{z}$ に置き換えると分子が得られます．しかも，$M(q) < 1$ であることから，これらの二つの無限積はいずれも収束することがわかります．これにより関数 $\chi(\zeta)$ が確定し，$\zeta = e^{\xi i}$, $\xi = \frac{\pi \gamma}{\alpha}$, $y = \frac{\pi x}{\alpha}$ より

（Ⅴ）
$$\prod_{m,n}\left(1 - \frac{x}{\alpha m + \beta n + \gamma}\right) = \frac{\chi\left(\frac{\zeta}{z}\right)}{\chi(\zeta)} = \frac{\chi\left(\frac{z}{\zeta}\right)}{\chi\left(\frac{1}{\zeta}\right)} = -\frac{\chi\left(\frac{z}{\zeta}\right)}{\chi(\zeta)}$$

$$= \frac{\chi(e^{(y-\xi)i})}{\chi(e^{-\xi i})} = \frac{\chi\left(e^{\frac{x-\gamma}{\alpha}\pi i}\right)}{\chi\left(e^{-\frac{\gamma}{\alpha}\pi i}\right)}$$

という表示が得られます．

■■ アイゼンシュタインのテータ関数

　ここからしばらく関数 $\chi(\zeta)$ の諸性質が語られていきますが，アイゼンシュタインはここで再びヤコビの著作『楕円関数論の新しい基礎』に言及し，それらの性質はヤコビの Θ（テータ）関数に移されると言い添えました．関数 $\chi(\zeta)$ はいわばアイゼンシュタインのテータ関数です．

　2重無限積

$$\prod_{m,n}\left(1 - \frac{x}{\alpha m + \beta n + \gamma}\right)$$

を x と γ の関数と見て, これを $f(x, \gamma)$ と表記します. g と h は整数として, 指数の第 1 種変換 $m \infty m+g$, $n \infty n+h$ を行うと, 変換 $\gamma \infty \gamma+g\alpha+h\beta$ が引き起こされて, 等式

(VI) $\quad f(x, \gamma+g\alpha+h\beta) = e^{-\delta \frac{2h\pi i}{\alpha} x} f(x, \gamma)$

が成立します. これについてはだいぶ前に観察したとおりです (第 8 章参照). 同じ指数変換により $\eta = \dfrac{\pi\beta}{\alpha}$ と $y = \dfrac{\pi x}{\alpha}$ は影響を受けませんから q と z は不変ですが, ξ と ζ は影響を受けて

$$\xi = \frac{\pi\gamma}{\alpha} \infty \frac{\pi\gamma}{\alpha} + g\pi + h\frac{\beta\pi}{\alpha},$$

$$\zeta \infty (-1)^g e^{h\eta i} \zeta = (-1)^g q^{-\delta h} \zeta$$

と変換されます. 式 (VI) の右辺において, $e^{-\delta \frac{2h\pi i}{\alpha} x} = z^{-2\delta h}$. そこでさらに $h \infty \delta h$ と変換すると, $e^{-\delta \frac{2h\pi i}{\alpha} x}$ は z^{-2h} に変換されます. また, 式 (V) より $f(x, y)$ は $\chi\left(\dfrac{z}{\zeta}\right)$ と $\chi\left(\dfrac{1}{\zeta}\right)$ の商として表示されますから, (VI) の右辺は

$$z^{-2h} \cdot \frac{\chi\left(\frac{z}{\zeta}\right)}{\chi\left(\frac{1}{\zeta}\right)}$$

という形に表されます. 次に, (VI) の左辺に着目してみます. 第 1 種指数変換 $m \infty m+g$, $n \infty n+h$ に続いて変換 $h \infty \delta h$ を行うと, ζ は $(-1)^g q^{-h} \zeta$ に変換されますから, $f(x, \gamma+g\alpha+h\beta)$ は $\chi\left(\dfrac{z}{(-1)^g q^{-h} \zeta}\right)$ と $\chi\left(\dfrac{1}{(-1)^g q^{-h} \zeta}\right)$ の商として表されます. ところが関数 $\chi(\zeta)$ を定義する式の形を見ると,

$$\chi\left(\frac{z}{(-1)^g g^{-h} \zeta}\right) = (-1)^g \chi\left(\frac{z}{q^{-h} \zeta}\right),$$

$$\chi\left(\frac{1}{(-1)^g q^{-h} \zeta}\right) = (-1)^g \chi\left(\frac{1}{q^{-h} \zeta}\right)$$

となることが諒解されます. それゆえ, 式 (VI) の左辺は

$$\frac{\chi(q^h \cdot \frac{z}{\xi})}{\chi(\frac{q^h}{\xi})}$$

という形に表されます．これで等式

$$\frac{\chi(q^h \cdot \frac{z}{\xi})}{\chi(\frac{q^h}{\xi})} = z^{-2h} \cdot \frac{\chi(\frac{z}{\xi})}{\chi(\frac{1}{\xi})}$$

が得られました．ここでさらに変換 $z \infty \zeta z$ を行うと，この等式は

$$\chi(q^h z) = \frac{\chi(\frac{q^h}{\xi})}{\chi(\frac{1}{\xi})} \zeta^{-2h} z^{-2h} \chi(z)$$

という形になります．そこで $C = \dfrac{\chi(\frac{q^h}{\xi})}{\chi(\frac{1}{\xi})} \zeta^{-2h}$ と置くと，

$$\chi(q^h z) = C z^{-2h} \chi(z)$$

となります．ここで，C は z に依存することのない定数です．
噛み砕く

■■ 定数 C の決定

定数 C は z に特定の値を代入することにより定められます．
まず $h=1$ の場合を考えてみます．この場合，$z = q^{-\frac{1}{2}}$ と置くと，$\chi(q^{\frac{1}{2}}) = Cq\chi(q^{-\frac{1}{2}})$．ここで，関数 $\chi(\zeta)$ の形を見ると，一般に $\chi(\zeta^{-1}) = -\chi(\zeta)$ となることがわかりますから，$Cq = -1$．これより $C = -q^{-1}$．それゆえ，

$$\chi(qz) = -q^{-1} z^{-2} \chi(z)$$

となります．

一般に，h が奇数の場合を考えてみます．この場合，等式 $\chi(q^h z) = C z^{-2h} \chi(z)$ において $z = q^{-\frac{1}{2}h}$ と置くと，$\chi(q^{\frac{1}{2}h}) = Cq^{h^2} \chi(q^{-\frac{1}{2}h})$ となり，これより $C = -q^{-h^2}$ が得られます．

h が偶数の場合にはこの論証からは何も得られません．というのは，あらゆる整数 g に対して $\chi(q^g) = 0$ となることに留意

すると，偶数の h に対して $\chi(q^{-\frac{1}{2}h}) = \chi(q^{\frac{1}{2}h}) = 0$ となってしまうからです．そこで別の道筋を考えてみます．先ほどの論証により h が奇数の場合には等式 $\chi(q^h z) = -q^{-h^2} z^{-2h} \chi(z)$ となりますが，ここで変換 $z \infty qz$ を行うと，$\chi(q^{h+1}z) = -q^{-h^2} q^{-2h} \times z^{-2h} \chi(qz) = -q^{-h^2-2h} z^{-2h}(-q^{-1}z^{-2}\chi(z)) = q^{-h^2-2h-1} z^{-2h-2} \chi(z) = q^{-(h+1)^2} z^{-2(h+1)} \chi(z)$ となります．これで，あらゆる場合において等式

(Ⅶ)　　　$\chi(q^h z) = (-1)^h q^{-h^2} z^{-2h} \chi(z)$

が成立することが明らかになりました．

第 13 章

さまざまな楕円関数論

■■ 振り返って

いろいろな記号が錯綜してきましたので再現して確認しておきたいと思います．出発点は 2 重無限積

$$\prod_{n=-\infty}^{n=\infty} \prod_{m=-\infty}^{m=\infty} \left\{ 1 - \frac{x}{\alpha m + \beta n + \gamma} \right\}$$

でした．この無限積には 4 個の文字 α, β, γ, x が見られますが，α と β は定数，x と γ は変数と見て，これを $f(x, \gamma)$ と表示します．3 個の数値

$$\eta = \frac{\pi\beta}{\alpha},\ \xi = \frac{\pi\gamma}{\alpha},\ y = \frac{\pi x}{\alpha}$$

をつくり，さらに

$$e^{\eta i} = p,\ e^{\xi i} = \zeta,\ e^{yi} = z,\ q = p^{-\delta} = e^{-\delta\frac{\pi\beta i}{\alpha}}$$

と定め，ヤコビのテータ関数と同様の役割を果す関数 $\chi(\zeta)$ を導入すると，無限積 $f(x, \gamma)$ はこの関数を用いて商の形に表示されました．このいわばアイゼンシュタインのテータ関数は

$$\chi(q^h z) = Cz^{-2h}\chi(z)$$

という形の等式を満たします．ここで C は定数ですが，アイゼンシュタインはこれを決定し，等式

（VII）　　$\chi(q^h z) = (-1)^h q^{-h^2} z^{-2h} \chi(z)$

が成立することを示しました．ここまでが前章の再現です．

　無限積 $f(x,\gamma)$ において第2種指数変換 $m \infty \lambda m + \mu n,\ n \infty \nu m + \rho n$ を行うと，これに対応して α と β は $\alpha \infty \lambda\alpha + \nu\beta = \alpha'$，$\beta \infty \mu\alpha + \rho\beta = \beta'$ と置き換えられます．この置き換えにより $f(x,\gamma)$ が変化していく先の無限積を $f'(x,\gamma)$ と表記すると，$f(x,\gamma)$ と $f'(x,\gamma)$ は等式

（VIII）　　$f'(x,y) = e^{\delta \frac{2\nu\pi i}{\alpha\alpha'}(\gamma x - \frac{1}{2}x^2)} f(x,\gamma)$

により結ばれています．この等式は前に長い計算により導かれました．右辺の指数関数の冪指数を変形すると，

$$\delta \frac{2\nu\pi i}{\alpha\alpha'}\left(\gamma x - \frac{1}{2}x^2\right) = -\delta \frac{\nu\pi i}{\alpha\alpha'}(x^2 - 2\gamma x)$$
$$= -\delta \frac{\nu\pi i}{\alpha\alpha'}\left\{\left(\frac{\alpha y}{\pi} - \frac{\alpha\xi}{\pi}\right)^2 - \left(\frac{\alpha\xi}{\pi}\right)^2\right\}$$
$$= -\delta \frac{\nu\alpha i}{\pi\alpha'}\{(y-\xi)^2 - \xi^2\}$$
$$= -\frac{\delta\nu\alpha i}{\pi(\lambda\alpha+\nu\beta)}\{(y-\xi)^2 - \xi^2\}$$
$$= -\frac{\delta\nu i}{\pi(\lambda+\frac{\nu\beta}{\alpha})}\{(y-\xi)^2 - \xi^2\}$$
$$= -\frac{\delta\nu i}{\lambda\pi+\nu\eta}\{(y-\xi)^2 - \xi^2\}$$

と計算が進みます．これより，

$$e^{\delta\frac{2\nu\pi i}{\alpha\alpha'}(\gamma x - \frac{1}{2}x^2)} = \frac{e^{-\frac{\delta\nu i}{\lambda\pi+\nu\eta}(y-\xi)^2}}{e^{-\frac{\delta\nu i}{\lambda\pi+\nu\eta}\xi^2}}$$

という表示が得られます．置換 $\alpha \infty \alpha'$，$\beta \infty \beta'$ により，

$$\xi \infty \frac{\pi\gamma}{\alpha'} = \frac{\alpha}{\lambda\alpha+\nu\beta}\,\xi = \frac{\xi}{\lambda + \frac{\nu\beta}{\alpha}} = \frac{\xi}{\lambda+\nu\omega} = \xi',$$

$$y \infty \frac{\pi x}{\alpha'} = \frac{\pi x}{\lambda\alpha+\nu\beta} = \frac{\frac{\pi x}{\alpha}}{\lambda + \frac{\nu\beta}{\alpha}} = \frac{y}{\lambda+\nu\omega} = y',$$

$$y-\xi \infty y'-\xi',$$

$$\omega \infty \frac{\beta'}{\alpha'} = \frac{\mu\alpha+\rho\beta}{\lambda\alpha+\nu\beta} = \frac{\mu + \frac{\rho\beta}{\alpha}}{\lambda + \frac{\nu\beta}{\alpha}} = \frac{\mu+\rho\omega}{\lambda+\nu\omega} = \omega',$$

$$\delta \infty \varepsilon\delta = (\lambda\rho-\mu\nu)\delta = \delta'$$

と置き換えられます．前章の等式（V）により

$$f'(x,\gamma) = \frac{\chi(e^{(y'-\xi')i}, q')}{\chi(e^{-\xi'i}, q')}, \quad f(x,\gamma) = \frac{\chi(e^{(y-\xi)i}, q)}{\chi(e^{-\xi i}, q)}$$

と表示されることに留意すると，(VIII) から

$$\frac{\chi(e^{(y'-\xi')i}, q')}{\chi(e^{-\xi'i}, q')} = \frac{e^{-\frac{\delta\nu i}{\lambda\pi+\nu\eta}(y-\xi)^2}}{e^{-\frac{\delta\nu i}{\lambda\pi+\nu\eta}\xi^2}} \cdot \frac{\chi(e^{(y-\xi)i}, q)}{\chi(e^{-\xi i}, q)}$$

という等式が得られます．ここで，

$$q = e^{-\delta\pi i\omega}, \quad q' = e^{-\varepsilon\delta\pi i\frac{\mu+\rho\omega}{\lambda+\nu\omega}}, \quad y'-\xi' = \frac{y-\xi}{\lambda+\nu\omega}, \quad \xi' = \frac{\xi}{\lambda+\nu\omega}.$$

と定められています．

　$y-\xi \infty y$ という置き換えを実行すると，これに誘われて $y'-\xi' \infty y'$ という置き換えが行われます．y と ξ，それに y' と ξ' もまた互いに依存することはありませんから，上記の等式は，C は定数として，

(IX)　　　$\chi(e^{y'i}, q') = Ce^{-\frac{\delta\nu i}{\lambda\pi+\nu\eta}y^2}\chi(e^{yi}, q)$

という形に表示されます．2重無限積 $f(x,\gamma)$ において第2種指数変換を行うとき，関数 $\chi(\zeta)$ が満たすべき一般的公式がこうして得られました．C は y に依存しない定数ですから y に特定の数値を指定することにより定められます．アイゼンシュタイン

は別の方法ももっていたようで，その方法によればこの定数の非常に簡明な表示が手に入るとのことですが，ここでは紹介されていません．

■■ 楕円関数をつくる（1）

関数 $\frac{1}{x^g}$ を取上げて，m は整数として x を $x+m$ に置き換えると $\frac{1}{(x+m)^g}$ という形の関数に変換されます．そこで $-\infty$ から ∞ にいたるあらゆる整数値 m に対してこの関数を定め，それらの総和をつくると円関数が生成されます．もう少し一般に，$\frac{1}{x^g}$ において $x \infty x+\alpha m$ という置き換えを行い，$\frac{1}{(x+\alpha m)^g}$ の総和をつくると円関数が生成されます．アイゼンシュタインはこれをモジュール α の伴う**単純生成**（**einfache Erzeugung**）と呼びました．関数 $\frac{1}{x^g}$ には生成関数という呼称がよく似合います．

この生成関数は円関数を作り出すばかりではなく，楕円関数を生成する力も備えています．実際，m, n は整数として $x \infty \alpha m + \beta n$ という形の置き換えを行い，m と n のあらゆる整数値に関して $\frac{1}{(x+\alpha m+\beta n)^g}$ の総和をつくると楕円関数が現れます．アイゼンシュタインはこれを二つのモジュール α, β の伴う**2 重生成**（**doppelte Erzeugung**）と呼んでいます．これが確認できれば有理関数，円関数，それに楕円関数という三種類の関数が共通の泉から生れてくるような光景が眼前に繰り広げられることになり，まさしくそこにアイゼンシュタインのねらいがありました．

円関数との類似をたどって，$g = 1, 2, 3, \cdots$ に対し，

$$\sum \frac{1}{(x+w)^g} = (g, x)$$

と置きます．単純和のように見えますが，$w = \alpha m + \beta n$ であり，m と n はあらゆる整数値をとるのですからこの和は2重無限級数です．x に関して微分するという意志を示す演算 $\frac{\partial}{\partial x}$ を，分母の ∂x を省略して単に ∂ という記号で表すことにすると，$\partial(1, x) = -(2, x), \partial(2, x) = -2(3, x), \cdots$，一般に

$$\partial(g, x) = -g(g+1, x)$$

となります．ここでアイゼンシュタインは恒等的に成立する等式

$$(*) \quad \frac{1}{p^3} \cdot \frac{1}{q^3} = \frac{1}{(p+q)^3}\left\{\frac{1}{p^3} + \frac{1}{q^3}\right\}$$
$$+ \frac{3}{(p+q)^4}\left\{\frac{1}{p^2} + \frac{1}{q^2}\right\} + \frac{6}{(p+q)^5}\left\{\frac{1}{p} + \frac{1}{q}\right\}$$

を書きました．この等式において $p = x + w_1$，$q = -x - w_2$，$p + q = w_1 - w_2$ と置き，w_1 と w_2 のとりうるあらゆる値について総和をつくりますが，その際，$w_1 = w_2$ となる指数の組は除外します．$w_1 = \alpha m_1 + \beta n_1$，$w_2 = \alpha m_2 + \beta n_2$ と表記すると，恒等式（*）の左辺の総和は m_1, n_1, m_2, n_2 に関して諸項を加える順序に依存することのない4重和になります．w_1 と w_2 のとりうるすべての値について例外なく総和をつくると，

$$\sum \frac{1}{(x+w_1)^3} = (3, x)$$

$$\sum \frac{1}{(-x-w_2)^3} = -\sum \frac{1}{(x+w_2)^3} = -(3, x)$$

ここから $w_1 = w_2$，すなわち $m_1 = m_2$，$n_1 = n_2$ となる指数の組合せに対応するすべての項を差し引かなければなりませんが，それらの項の総和は

$$\sum \frac{1}{(x+w_1)^3} \times \left\{ -\frac{1}{(x+w_1)^3} \right\} = -\sum \frac{1}{(x+w_1)^6}$$
$$= -(6, x)$$

となります．それゆえ，左辺の4重和は

$$-\{(3, x)^2 - (6, x)\}$$

となることがわかります．

　次に右辺の総和をつくります．$w_1 - w_2 = w$ と置くと $w_1 = w_2 + w$．$w = \alpha m + \beta n$ と表記すると，除外するべき指数の組合せは $m = 0, n = 0$ のみになります．右辺を w_2 と w を用いて表示すると，

$$\frac{1}{w^3} \left\{ \frac{1}{(x+w_1)^3} - \frac{1}{(x+w_2)^3} \right\}$$
$$+ \frac{3}{w^4} \left\{ \frac{1}{(x+w_1)^2} + \frac{1}{(x+w_2)^2} \right\} \quad + \frac{6}{w^5} \left\{ \frac{1}{x+w_1} - \frac{1}{x+w_2} \right\}$$
$$= \frac{1}{w^3} \left\{ \frac{1}{(x+w+w_2)^3} - \frac{1}{(x+w_2)^3} \right\}$$
$$+ \frac{3}{w^4} \left\{ \frac{1}{(x+w+w_2)^2} + \frac{1}{(x+w_2)^2} \right\} \quad + \frac{6}{w^5} \left\{ \frac{1}{x+w+w_2} - \frac{1}{x+w_2} \right\}$$

という形になります．そこでまず w_2 に関して総和をつくると，

$$\frac{1}{w^3} \{(3, x+w) - (3, x)\} + \frac{3}{w^4} \{(2, x+w) + (2, x)\}$$
$$+ \frac{6}{w^5} \{(1, x+w) - (1, x)\}$$

となります．ここで，$(3, x)$ と $(2, x)$ の正式周期性により $(3, x+w) = (3, x)$, $(2, x+w) = (2, x)$．また，$w = \alpha m + \beta n$ と表記したことを想起すると，$(1, x)$ の非正式周期性により

$$(1, x+w) = (1, x) + \delta \frac{2n\pi i}{\alpha}$$

となります．これより上記の w_2 に関する総和は

$$\frac{6(2, x)}{w^4} + \frac{12\delta\pi i}{\alpha} \cdot \frac{n}{w^5}$$

と表されます．この総和をさらに w のあらゆる値に関して加

えなければなりませんが，その際，$m=0, n=0$ という指数
の組合せのみを除外します．これを実行すると，$\dfrac{1}{w^4}$ の総和は

$$\sum^{*}\frac{1}{(\alpha m+\beta n)^4}=(4^{*},0) \text{ となります．さらに，} \delta\frac{2\pi i}{\alpha}\frac{n}{w^5} \text{ の総和}$$

$$\delta\frac{2\pi i}{\alpha}\sum^{*}\frac{n}{(\alpha m+\beta n)^5}$$

を c と表記すると，右辺の総和は

$$6(4^{*},0)(2,x)+6c$$

という形になります．これで左右両辺の総和が定まりましたの
で，等置して形を整えると，等式

(1)　　　$(6,x)=(3,x)^2+6(4^{*},0)(2,x)+6c$

得られます．

　ここで遭遇した定数 c をめぐって，アイゼンシュタインは
「奇妙な定数 c の出現（das Erscheinen der eigenthümlichen
Constante c）」という言葉を書き留めました．$\sum^{*}\dfrac{n}{(\alpha m+\beta n)^5}$ と
いう数値の形を見ると，β に関する (g,x) の微分が連想されると
アイゼンシュタインは言いたいのです．実際，これはアイゼン
シュタイン自身が挙げている等式ですが，たとえば $(4,x)$ を β に
関して微分すると，等式

$$\frac{\partial(4,x)}{\partial\beta}=-4\sum\frac{\partial w}{\partial\beta}\cdot\frac{1}{(x+w)^5}=-4\sum\frac{n}{(x+w)^5}$$

が現れます．

■■ 楕円関数をつくる（2）

　前掲の恒等式（＊）において，今度は $p=w_1, q=x+w_2,$

$p+q=x+w_1+w_2$ と置いてみます．$w=w_1+w_2$，したがって $w_1=w-w_2$ として変形を重ねていくと，

$$\frac{1}{w_1^3}\frac{1}{(x+w_2)^3}=\frac{1}{(x+w_1+w_2)^3}\left\{\frac{1}{w_1^3}+\frac{1}{(x+w_2)^3}\right\}$$
$$+\frac{3}{(x+w_1+w_2)^4}\left\{\frac{1}{w_1^2}+\frac{1}{(x+w_2)^2}\right\}+\frac{1}{(x+w_1+w_2)^5}\left\{\frac{1}{w_1}+\frac{1}{x+w_2}\right\}$$
$$=\frac{1}{(x+w)^3}\left\{\frac{1}{(w-w_2)^3}+\frac{1}{(x+w_2)^3}\right\}$$
$$+\frac{3}{(x+w)^4}\left\{\frac{1}{(w-w_2)^2}+\frac{1}{(x+w_2)^2}\right\}+\frac{6}{(x+w)^5}\left\{\frac{1}{w-w_2}+\frac{1}{x+w_2}\right\}$$
$$=\frac{1}{(x+w)^3}\left\{-\frac{1}{(-w+w_2)^3}+\frac{1}{(x+w_2)^3}\right\}$$
$$+\frac{3}{(x+w)^4}\left\{\frac{1}{(-w+w_2)^2}+\frac{1}{(x+w_2)^2}\right\}+\frac{6}{(x+w)^5}\left\{-\frac{1}{-w+w_2}+\frac{1}{x+w_2}\right\}$$

という形の等式が得られます．左辺の項を $w_1=0$ のみを除外してすべての w_1,w_2 について加えると，$(3^*,0)(3,x)$ が表示されます．ここで，3^* に見られる記号＊は w_1 に関する総和において $w_1=0$ が除外されていることを示しています．

　次に右辺において，まず w_2 に関し，$w_2=w$ のみを除外して総和をつくります．右辺を構成する各項の総和は

$$\sum\frac{1}{(-w+w_2)^3}=(3^*,-w),$$
$$\sum\frac{1}{(x+w_2)^3}=(3,x)-\frac{1}{(x+w)^3},$$
$$\sum\frac{1}{(-w+w_2)^2}=(2^*,-w),$$
$$\sum\frac{1}{(x+w_2)^2}=(2,x)-\frac{1}{(x+w)^2},$$
$$\sum\frac{1}{-w+w_2}=(1^*,-w),$$
$$\sum\frac{1}{x+w_2}=(1,x)-\frac{1}{x+w}$$

と表示されますから，右辺の w_2 に関する総和は

$$\frac{1}{(x+w)^3}\left\{-(3^*,-w)+(3,x)-\frac{1}{(x+w)^3}\right\}$$

$$+\frac{3}{(x+w)^4}\left\{(2^*,-w)+(2,x)-\frac{1}{(x+w)^2}\right\}$$

$$+\frac{6}{(x+w)^5}\left\{-(1^*,-w)+(1,x)-\frac{1}{x+w}\right\}$$

となります. ここで, $(3^*,0)=0$, $(1^*,0)=0$ であることに留意すると, 周期性により $(3^*,-w)=(3^*,0)=0$, $(2^*,-w)=(2^*,0)$, $-(1^*,-w)=-(1^*,0)+\delta\dfrac{2n\pi i}{\alpha}=\delta\dfrac{2n\pi i}{\alpha}$ となることがわかりますから, 上記の w_2 に関する総和は

$$\frac{(3,x)}{(x+w)^3}+\frac{3(2^*,0)+3(2,x)}{(x+w)^4}$$

$$+\frac{12\delta\pi i}{\alpha}\cdot\frac{n}{(x+w)^5}+\frac{6(1,x)}{(x+w)^5}-\frac{10}{(x+w)^6}$$

となります. そこでこの和を w に関して加えて総和をつくると, その結果は

$$(3,x)^2+\{3(2^*,0)+3(2,x)\}(4,x)$$

$$+\frac{12\delta\pi i}{\alpha}\sum\frac{n}{(x+w)^5}+6(1,x)(5,x)-10(6,x)$$

という形になります. ここで既出の等式

$$\sum\frac{n}{(x+w)^5}=-\frac{1}{4}\frac{\partial(4,x)}{\partial\beta}$$

を用いると,

$$(3,x)^2+\{3(2^*,0)+3(2,x)\}(4,x)-\frac{3\delta\pi i}{\alpha}\frac{\partial(4,x)}{\partial\beta}$$

$$+6(1,x)(5,x)-10(6,x)$$

と変形が進みます. そこでこれを左辺の $(3^*,0)(3,x)$ と等置すると等式が完成しますが, $(3^*,0)=0$ ですから左辺は 0 であり, したがって右辺もまた 0 であるほかはありません. これで等式

(2) $10(6,x)+\dfrac{3\delta\pi i}{\alpha}\cdot\dfrac{\partial(4,x)}{\partial\beta}$

$$= (3, x)^2 + 3(2^*, 0)(4, x) + 3(2, x)(4, x) + 6(1, x)(5, x)$$

が得られました.

■■ 楕円積分に向う

　かんたんな代数的恒等式（＊）から出発して変形を繰り返すことにより，さまざまな関数 (g, x) $(g = 1, 2, 3, \cdots)$ を相互に連繋する等式が次々と生成されます．この流儀でアイゼンシュタインはもうひとつの恒等式

$$\frac{1}{p^4 q^3} - \frac{1}{p^3 q^4} = \frac{1}{r^3}\left(\frac{1}{p^4} - \frac{1}{q^4}\right) + \frac{2}{r^4}\left(\frac{1}{p^3} - \frac{1}{q^3}\right) + \frac{2}{r^5}\left(\frac{1}{p^2} - \frac{1}{q^2}\right)$$

を提示しました．ここで $r = p + q$ と置いています．この恒等式から二つの等式

(3) $(7, x) = (3, x)\{(4, x) + 2(4^*, 0)\}$

(4) $5(7, x) = 2(5, x)\{(2, x) - (2^*, 0)\} + 3(3, x)(4, x)$

がもたらされるということですが，具体的な計算は略されています．あるいはまた等式 (3) は等式 (1) を x に関して微分することによっても得られます.

　関数 $(2, x)$ の決定という視点に立てば，方程式 (1)，(3)，(4) はこの関数が満たすべき常微分方程式と見ることができます．これに対し，方程式 (2) は偏微分方程式です.

　方程式 (3)，(4) をそれぞれ 2 回ずつ x に関して微分すると，そのつど新たな方程式が生成されて計 4 個の方程式が現れます．(3)，(4) と (1) を合せると方程式は全部で 7 個になりますから，それらを連立させて $(4, x)$ から $(9, x)$ にいたる 6 個の方程式を消去すると，残る二つの関数 $(2, x)$，$(3, x)$ を結ぶ等式が現れま

す．この消去の手続きはうまく計算すればたいしたことはない
などとアイゼンシュタインは言い添えて，この手順の結果を

(5) $(3,x)^2 = \{(2,x)-(2^*,0)\}^3$
$$-15(4^*,0)\{(2,x)-(2^*,0)\}+10\{c-(2^*,0)(4^*,0)\}$$

と表記しました．右辺は $(2,x)$ に関する 3 次多項式の形
になっています．左辺の関数 $(3,x)$ は x の 3 個の数値
$x=\dfrac{\alpha}{2},\dfrac{\beta}{2},\dfrac{\alpha+\beta}{2}$ に対して値が消失します．実際，この関数の
正式周期性と奇関数であることを示す関係式 $(3,-x)=-(3,x)$
により，たとえば $\left(3,\dfrac{\alpha}{2}\right)=\left(3,\dfrac{\alpha}{2}-\alpha\right)=\left(3,-\dfrac{\alpha}{2}\right)=-\left(3,\dfrac{\alpha}{2}\right)$ と変
形が進み，これより $\left(3,\dfrac{\alpha}{2}\right)=0$ が導かれます $\dfrac{\beta}{2}$ と $\dfrac{\alpha+\beta}{2}$ につい
ても同様です．これにより右辺の $(2,x)$ に関する 3 次多項式の
零点は
$$\left(2,\frac{\alpha}{2}\right),\left(2,\frac{\beta}{2}\right),\left(2,\frac{\alpha+\beta}{2}\right)$$

であることが明らかになりましたので因数分解が進行し，等式

(6) $(3,x)^2 = \left\{(2,x)-\left(2,\dfrac{\alpha}{2}\right)\right\}$
$$\times\left\{(2,x)-\left(2,\frac{\beta}{2}\right)\right\}\left\{(2,x)-\left(2,\frac{\alpha+\beta}{2}\right)\right\}$$

に到達します．そこで
$$(2,x)=y,\left(2,\frac{\alpha}{2}\right)=a,\left(2,\frac{\beta}{2}\right)=a',\left(2,\frac{\alpha+\beta}{2}\right)=a''$$
と置くと，
$$(3,x)^2 = (y-a)(y-a')(y-a'')$$
という簡明な形の表示が得られます．しかも関数 $y=(2,x)$ を微

分すると $\dfrac{\partial y}{\partial x} = -2(3, x)$ となって関数 $(3, x)$ が得られ，その自乗

は $(3, x)^2 = \dfrac{1}{4}\left(\dfrac{\partial y}{\partial x}\right)^2$ と表されます．これより関数 y を規定する

微分方程式

$$\frac{\partial y}{\partial x} = 2\sqrt{(y-a)(y-a')(y-a'')}$$

が定まり，これを積分すると，

$$2x = \int \frac{\partial y}{\sqrt{(y-a)(y-a')(y-a'')}} + (\text{定数})$$

という表示が現れます．右辺の積分は第 1 種楕円積分で，$y = (2, x)$ はその逆関数ですから（変数 $2x$ の）楕円関数にほかなりません．アイゼンシュタインはこれを**第 1 種楕円関数**（**eine elliptische Function erster Gattung**）と呼んでいます．また，関数 $(2, x)$ を積分すると，$\partial x = \dfrac{\partial y}{2\sqrt{(y-a)(y-a')(y-a'')}}$ より

$$(1, x) = -\int (2, x)\partial x = -\int y\partial x$$

$$= -\int \frac{y\partial y}{2\sqrt{(y-a)(y-a')(y-a'')}}$$

という表示が得られます．この積分は第 2 種楕円積分ですが，この状況を指して，アイゼンシュタインは関数 $(1, x)$ を**第 2 種楕円関数**（**eine elliptische Function zweiter Gattung**）と呼びました．

■▨ 楕円関数論のいろいろ

アイゼンシュタインは 3 個のパラメータ α, β, γ を伴う 2 重無限積から出発し，考察を重ねて一系の関数 (g, x) $(g = 1, 2, 3, \cdots)$ を取り出しました．$g = 2$ の場合に着目すると，関数 $(2, x)$ は第

1種楕円積分の逆関数として認識されることが明らかになりましたが，印象はきわめて深く，目の覚めるような思いがします．2重無限積の考察から説き起こされたアイゼンシュタインの楕円関数論の望ましい帰結がここに現れています．

　楕円関数論の姿はひとつではなく，この理論に心を寄せる人びとのひとりひとりの思いのままに多彩な相が現れます．オイラーはレムニスケート曲線に誘われて変数分離型の微分方程式

$$\frac{dy}{\sqrt{1-y^4}} + \frac{dx}{\sqrt{1-x^4}} = 0$$

を提示し，その代数的積分の一般形の発見に成功して楕円関数論の端緒を開きました．アーベルは第1種楕円積分の逆関数を楕円関数と見て，等分理論と変換理論に新天地を開きました．アーベルの試みは隠されたガウスの営為を知らないままにガウスの数学的意図を実現しようとするもので，第1種楕円積分の逆関数に着目したところにアーベルに固有の深い数学的意味合いが宿っています．ヤコビもまたアーベルのように楕円積分の逆関数から歩みはじめましたが，テータ関数の導入により新たな出発点が発見されました．複素変数関数論の一般理論を構築して，その土台の上に楕円関数論を展望しようとするヴァイエルシュトラスとリーマンの試みも忘られません．オイラー，アーベル，ガウス，ヤコビ，ヴァイエルシュトラス，リーマンに加えて，アイゼンシュタインによりもうひとつの出発点が提示されました．関数 $(2, x)$ が第1種楕円積分の逆関数として認識されることが明らかになったように，論理的な視点に立てばどの楕円関数論もある同一の理論に帰しますが，それはどこまでも論理上のことであり，解明を志す数学的現象の相に応じてさまざまな相貌が現れるのは自然です．この意味において，楕円関数論はひとつではないことをここであらためて強調しておきたい

と思います.

　アイゼンシュタインの連作「楕円関数論への寄与」の第 6 論文
の最後の第 7 章には Arithmetische Anwendungen という小見出
しが附されています. アリトメチカ, すなわち数の理論に関す
るさまざまな応用という意味の言葉であり, アイゼンシュタイ
ンのいう数の理論というのは具体的には相互法則を指していま
す. アイゼンシュタインは連作の第 1 論文においてレムニスケ
ート関数の理論に依拠して 4 次の冪剰余相互法則を証明するこ
とに成功しましたが, アイゼンシュタインの眼はより高次の冪
剰余相互法則の発見と証明を展望しています.

　次に引くのは相互法則を語るアイゼンシュタインの言葉です.

こんなふうにして, この論文で考察された無限 2 重積の理論の
派生的命題として, 4 次および 6 次の冪剰余の詳細な理論をわ
れわれは確立した. (『クレルレの数学誌』, 第 35 巻, 1847 年,
257 頁)

　この言葉の意味を解明することはアイゼンシュタインの楕円
関数論について語るうえで不可欠な営為ですが, この論点につ
いては他日を期したいと思います.

索 引

著者紹介：

高瀬 正仁（たかせ・まさひと）

昭和 26 年（1951 年），群馬県勢多郡東村（現在みどり市）に生れる．数学者・数学史家．専門は多変数関数論と近代数学史．2009 年度日本数学会賞出版賞受賞．

著書：

『双書⑪・大数学者の数学／アーベル（前編）不可能の証明へ』．現代数学社，2014 年．
『双書⑯・大数学者の数学／アーベル（後編）楕円関数論への道』．現代数学社，2016 年．
『双書⑰・大数学者の数学／フェルマ　数と曲線の真理を求めて』．現代数学社，2019 年．
『数論のはじまり フェルマからガウスへ』．日本評論社，2019 年．
『リーマンに学ぶ複素関数論　1 変数複素解析の源流』．現代数学社，2019 年．
『数学の文化と進化　―精神の帰郷―』．現代数学社，2020 年．
『岡潔 多変数解析関数論の造形』．東京大学出版会，2020 年．
『クンマー先生のイデアル論　数論の神秘を求めて』．現代数学社，2021 年．
『評伝 岡潔 ―星の章』．筑摩書房，2021 年．
『評伝 岡潔　花の章』．筑摩書房，2022 年．

他多数

楕円関数論 ①　アイゼンシュタイン

2022 年 6 月 21 日　　初版第 1 刷発行

著　者　　　高瀬正仁
発行者　　　富田　淳
発行所　　　株式会社　現代数学社
　　　　　　〒 606-8425
　　　　　　京都市左京区鹿ヶ谷西寺ノ前町 1
　　　　　　TEL 075（751）0727　FAX 075（744）0906
　　　　　　https://www.gensu.co.jp/
装　幀　　　中西真一（株式会社 CANVAS）
印刷・製本　　亜細亜印刷株式会社

ISBN 978-4-7687-0584-1　　　　　2022 Printed in Japan